U0502993

读故事
塑品德

高宏群　彭　慧◎著

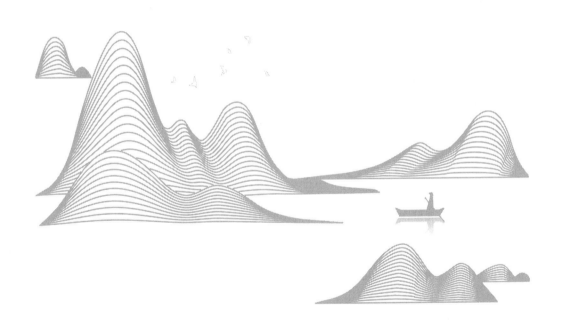

郑州大学出版社

图书在版编目（CIP）数据

读故事　塑品德／高宏群，彭慧著. -- 郑州：郑
州大学出版社，2024. 12. -- ISBN 978-7-5773-0739-8

Ⅰ. I14

中国国家版本馆 CIP 数据核字第 20240Q51D6 号

读故事　塑品德

DU GUSHI SU PINDE

策划编辑	祁小冬		封面设计	苏永生
责任编辑	祁小冬　李园芳		版式设计	苏永生
责任校对	袁晨晨		责任监制	朱亚君

出版发行	郑州大学出版社		地　　址	郑州市大学路 40 号（450052）
出 版 人	卢纪富		网　　址	http://www.zzup.cn
经　　销	全国新华书店		发行电话	0371-66966070
印　　刷	河南文华印务有限公司			
开　　本	710 mm×1 010 mm　1 / 16			
印　　张	14.75		字　　数	200 千字
版　　次	2024 年 12 月第 1 版		印　　次	2024 年 12 月第 1 次印刷

书　　号	ISBN 978-7-5773-0739-8	定　　价	59.00 元	

本书如有印装质量问题，请与本社联系调换。

自　序

品德,即道德品质,也称德性或品性。中华民族历来重视个人品德修养,一直强调"修、齐、治、平"传统。社会主义核心价值观从个人层面提出"爱国、敬业、诚信、友善",要求弘扬个人品德、磨砺个体品行。《新时代公民道德建设实施纲要》提出:"推动践行以爱国奉献、明礼遵规、勤劳善良、宽厚正直、自强自律为主要内容的个人品德,鼓励人们在日常生活中养成好品行。"这充分反映了新时代国家对公民个人品德提出的新的更高要求。

塑造个人品德须多管齐下:一是要提高人们的道德认识,二是要陶冶人们的道德情操;三是要锻炼人们的道德意志。《读故事塑品德》所述的 177 则故事中,大致蕴含了尚品德、修身心、悟哲理、促成才、懂生活等五个方面的人生修养。

尚品德,即培育品德修养,品德是个体依据一定的道德行为准则在行动时所表现出来的稳固的倾向与特征。品德修养的标准主要有八个,即厚道、善良、守信、宽容、诚实、谦虚、正直、执着。弗·桑德斯说:"品德能决定人生,它比天资更重要。"做事先做人,做人必先要拥有一个好人品、好德行。正所谓:人品是底子,行为是面子,只有底子好,面子做映衬,人生成功才有更多的可能。

修身心,是指修养身心,就是使自己的心灵得到升华与纯洁,通过自我反省体察,使身心达到更加完美的境界。在日常生活中就是择善而从,博学于文,并约之以礼。个人修身心不仅包含了为人、修身、处世的智慧,而且还包含着始终要有一颗平常心去应对生活中的酸甜苦辣的智慧。

悟哲理中的"哲理",即哲学道理,这里说的"哲学",是一门使人聪慧的学问。在汉语中,哲就是智慧,哲学就是智慧之学或追求智慧之学。在古希腊文和英文中,哲学的本意是爱智慧或追求智慧。可见,哲学智慧能给人开阔的眼光、聪明的头脑和智慧的生活态度。

促成才中的"成才",即成为有才能的人。古人云:"苦劳者成富,苦志者成名,苦学者成才。"人才成长是社会和个人共同努力的结果,需要主观与客观协调一致。作为客观方面,社会要有育才的环境、氛围和机制;作为主观方面,个人要有成才的愿望、信心和行动。人世间人人都有成才的潜能,这种潜能能否得到发挥和展现,首先取决于个人的努力。自信心、主动性、创新力是成才的决定性因素。从某种意义上讲,成才意味着一个人具有对美好积极事物取得的能力与技能。不仅事业有成、功成名就、名声显赫的人是人才,家庭美满、生活幸福、身心健康、学习进步、品行高远、万事顺意的人也是一种人才。

懂生活中的"生活",是指人们为了生存与发展进行的各种活动。生活就像一个杯子,开始是空的,伴随着你的成长,里面装的东西会越来越多,生活就是这样不断地充实,不断加入鲜活的元素。生活的智慧,就是我们要学会智慧地生活。生活不仅是生存,还要活得出色,活得精彩。其实生活的意义就在于生活的本身,你用什么样的心态面对生活,生活就会向你展示什么样的人生。

《读故事　塑品德》全书共设五个篇章,分别为"读故事　尚品德""读故事　修身心""读故事　悟哲理""读故事　促成才""读故事　懂生活"。全书共选择了177则小故事,这些故事或选之古代,或选之现代;或来自国内,或来自国外;或出自名人,或出自常人。每则故事之后附有"品德小语""修身小语""哲理小语""成才小语""生活小语",一方面可以帮助读者对每则故事进行理解和思考,另一方面也是笔者对所选故事的心得体会和感悟。

该书在撰写过程中,收录了一些专家学者在博客发表的真知灼见,借鉴了互联网登载的一些智慧美文,查阅了一些网站上的相关文献资料,在付梓之际,对上述有关作者和撰写资料的提供者表示崇高的敬意和衷心的感谢!

高宏群

2024 年 5 月

读故事　尚品德

读故事　修身心

读故事　悟哲理

读故事　促成才

读故事　懂生活

读故事　尚品德

"品德"即道德品质,也称德性或品性,是个体依据一定的道德行为准则行动时所表现出来的稳固的倾向与特征。品德就其实质来说,是道德价值和道德规范在个体身上内化的产物。从其对个体的功能来说,品德则是个体社会行为的内部调节机制。

弗·桑德斯说:"品德能决定人生,它比天资更重要。"可见,做事先做人,做人必先要拥有一个好人品、好德行。要提高自身的道德修养,就要做到:第一,讲道德,塑品行,这是提高自我道德修养的第一要义;第二,热爱学习,格物致知,这是提高自我道德修养的最优方法;第三,热爱劳动,乐于助人,这是提高自我道德修养的重要表现;第四,学会放下,无私奉献,这是提高自我道德修养的重要保障;第五,爱护环境,感恩自然,这是提高自我道德修养的重要内容;第六,尊老爱幼,孝敬父母,这是提高自我道德修养的基本要求;第七,热爱祖国,奉献社会,这是提高自我道德修养的最高境界。

1　烽火戏诸侯

周幽王有个宠妃叫褒姒，为了博取她一笑，周幽王下令在都城附近20多座烽火台上点起烽火。

烽火是紧急军事报警信号，只有在外敌入侵需召集诸侯救援时才能点燃。诸侯们见到烽火，便匆匆领将率兵赶到都成。诸侯们弄明白这是周幽王为博宠妃一笑的闹剧后都愤然离去。褒姒看到平日威仪赫赫的诸侯们被戏要的样子，终于开心地笑了。

多年后，酉夷犬戎大举攻周，幽王烽火再燃，而诸侯未到。因为谁也不愿再被幽王多次要了。结果幽王被逼自刎，而褒姒也成为酉夷的俘虏。

【品德小语】

一个帝王无信，玩"狼来了"的游戏，结果自取其辱，身死国亡。可见，"诚信""信用"对一个国家的兴衰存亡起着非常重要的作用。

诚信犹如一朵兰花，它让生活更加清新高雅；诚信犹如一杯浓茶，它让生活更加浓郁芳醇；诚信犹如一首乐曲，它让生活更加宁静舒缓。有人说诚信是金，其实诚信比金子更珍贵，它关系着一个人的工作是否顺利、生活是否幸福、学习能否进步……

2 曾参杀猪教子

一天,曾参的妻子到集市上去买东西,她的儿子跟在后面哭着想一块去。母亲就对儿子说:"你回去吧,等我回来以后,给你宰一头猪吃。"

妻子从集市上回来,看到曾子正在捉一头猪欲杀。她马上阻止说:"我不过是哄骗儿子罢了!"

曾子说:"小孩子可不能随意哄骗啊。小孩子年龄小,现在你欺骗了他,这就是教孩子撒谎。做母亲的欺骗孩子,孩子以后就不会相信母亲的话,那你今后再怎么教导他呢?"于是曾子就把猪杀了。

【品德小语】

言必信,行必果。诚信乃做人之本,诚信乃民族强盛之本。诚信重于泰山。"父母是孩子最好的老师。"如果曾子没舍得杀猪,猪虽是保住了,但却给孩子的心灵留下了不可磨灭的阴影。

如今很多父母许诺孩子的话大多都不能兑现,以为孩子小,三言两语就哄骗过去了,但是孩子从此也就失去了信用。孩子凡事跟着父母学,如果父母都做不到诚实守信,那么孩子怎么能做到呢?所以,父母对孩子说过的话一定要算数,要以身作则,成为孩子的榜样。

"身教胜于言教。"孩子是父母的影子,对待孩子,就要像曾子一样"一言既出,驷马难追"。这样,孩子自然也就会成为一个诚实守信的人。

3 退避三舍

春秋时期，晋献公听信谗言，杀了太子申生，又派人捉拿申生的弟弟重耳。重耳闻讯，逃出晋国，在外逃亡十几年。经过千辛万苦，重耳来到楚国。楚成王认为重耳日后必有大作为，就以国君之礼相迎，待他如上宾。

一天，楚成王设宴招待重耳，两人饮酒叙话，气氛十分融洽。忽然楚成王问重耳："你若有一天回晋国当上国君，该怎么报答我呢？"

重耳略加思索说："美女侍从、珍宝丝绸，大王您有的是，珍禽羽毛、象牙兽皮，更是楚地的盛产，晋国哪有什么珍奇物品献给大王呢？"

楚成王说："公子过谦了。话虽然这么说，可总该对我有所表示吧？"

重耳笑笑回答道："要是托您的福，果真能回国主持朝政的话，我愿与贵国世代友好。假如有一天，晋楚两国发生战事，我一定命令军队退避三舍。如果还不能得到您的原谅，我再与您交战。"

四年后，重耳真的回到晋国当了国君，成为晋文公。晋国在他的治理下日益强大。公元前633年，楚国和晋国的军队在作战时相遇。晋文公遵守诺言，下令军队后退九十里，驻扎在城濮。

【品德小语】

这则成语中的退避三舍，实为晋文公回报当年楚成王的知遇之恩。告诉我们为人处事应当重诺守信，知恩图报，言出必行。晋文公的"退避三舍",让出了诚信,让出了胸怀。古往今来,重诺是中华民族的传统美德,更是一种修养、一种智慧。

4 感受内在美

春秋时期,卫国有个名叫哀骀它的人,他的容貌虽然很丑陋,可不管是男人还是女人都非常喜欢和他交往。

他一无权位二无财产,也没有什么高深的理论和显赫的功绩,然而外表粗陋、其貌不扬的他却受到几乎所有人的喜爱和赞美。这使得鲁国的鲁哀公惊异不已,于是就派人把他从卫国请到鲁国并加以考察。相处不到一个月,鲁哀公觉得他确有过人之处。不到一年,鲁哀公就很信任他了。不久,宰相的位置空缺,鲁哀公欲让他任宰相管理国事。可他却淡然拒绝,虽在鲁哀公再三请求下参议国事,但不久他还是辞谢了高位厚禄,回到在卫国的陋室。

对此,鲁哀公求教于孔子:"哀骀它究竟是怎样一种人呢?"孔子道:"哀骀这个人虽然外表不美,但他有品德和才情,其内在之美已超越一般人很多,且德不外露,这就是您和众多人喜欢他的缘故。"

【品德小语】

这则故事告诉我们,只有内在的美才可靠长久,才值得追求和尊崇。虽然外在的容貌、身材、风采、权位、财产等很吸引人,但内在的品德、学识、才能、真诚、自信等给人的感受则更有魅力。

人的内在美是指人的内心世界的美,是人的思想、品德、情操、性格等内在素质的具体体现,所以内在美也叫心灵美。它包括人生观和人生理想、思想觉悟、道德情操、行为毅力、生活情绪、文化修养等。正确的人生观和人生理想,高尚的品德和情操,丰富的学识和修养,构成一个人的内在美。内在美反映了一个人的本质,也体现了社会美的本质。

5 孔子谈谦虚

有一次,孔子与众弟子参拜鲁桓公庙,看到座位上摆着欹器。孔子向守庙的人问道:"这是什么器具?"

"这是放在座位右边的器具。"守庙的人回答。

孔子端详了一会儿,若有所思地说:"放在座位右边的器具,当它空着的时候是倾斜的,注入一半水的时候就能直立,装满了水就会倾斜。"说完,他让一位弟子向欹器中注水,果然,欹器里面装了一半水时它就直立了,水一盛满它就倾斜了。

孔子看后,感慨道:"唉,世上哪有不因自满而倾斜的啊!"

"那么,有什么方法能够保持盈满呢?"子路问孔子。孔子说:"绝顶聪明的人,用持重来保持他的聪明;功满天下的人,用谦逊来保持他的功劳;勇力盖世的人,用谨慎来保持他的本领……这就是人们常说的用退让的办法来减少自满的道理。"

【品德小语】

"知识使人谦虚,无知使人骄傲。""半瓶子水哗啦响,满瓶子水没声响。"说的就是谦虚的道理。只有谦虚才会让你保持冷静平和,正确地认识自己,也才能进一步地充实和丰富自己。

成为一个谦虚的人需三要:一要保持一颗坦荡心,既不因自身的长处而骄傲,也不因自身的短处而气馁,既不因别人的优点而忌妒,也不因别人的不足而嘲笑;二要保持一颗平常心,无论是身居高位还是地位卑微,无论是名家硕儒还是初学少年,从来没有一个人能在所有方面都超过别人;三要保持一颗进取心,知识的海洋浩瀚无边,即使穷尽毕生精力也只能掬起一朵浪花,故我们要不断超越自我。

6 不道是非,不扬人恶

有一次,颜回向孔子请教朋友之间的相处之道,孔子回答他说:"君子对朋友旧日的恩情念念不忘,对过去的仇怨从不记恨,这才是仁德之人的存心。"

有一天,武叔来拜访颜回,言谈之中指责他人的错误,并加以评论。颜回说:"本来承蒙您到这里来,应该使您有所收获。我曾听夫子说过,谈论别人的不是,并不能显出自己的好处;乱讲别人的邪恶,也不能显出自己的正直。因此,有道德之人只是就事而论,反思自己的错误,而不去批评别人的不是。"

颜回又对子贡说:"夫子说,自己不讲礼仪,却希望别人对自己有礼,自身不讲道德,却希望别人对自己有道德,这是不合条理的。夫子这句话,果真不能不让我们深思啊!"

【品德小语】

《弟子规》有云:"见人恶,即内省。有则改,无加警。"又云:"扬人恶,即是恶,疾之甚,祸且作。"这段话教导我们,当看到他人有不是之处时,不能贬低、指责或宣扬,而是借此先反省自己,有则改之,无则加勉。何况有时,我们所看到、听到的未必就是事实,倘若无端地加以批判、评论、宣扬,就会卷入是非谣言的传播之中。

人非圣贤，孰能无过？若能怀着一颗包容宽恕的心去体谅他人，进而给予关怀、帮助、提醒，相信人与人之间会更加融洽，也能让自己如沐春风，从而心生惭愧，改往修来。

7 上行下效

有一天，齐景公宴请各位大臣。酒席上，君臣举杯助兴，高谈阔论，直至后半晌才散。酒后，君臣余兴未尽，一同射箭比武。在齐景公射箭时，他拉弓搭箭，却一支箭也未能射中靶子，可大臣们却在那里大声喝彩道："好箭！好箭！"齐景公闻听，颇为不悦，他脸色一沉，将手中的弓箭狠狠地摔在地上，重重地叹了口气。

正巧，弦章从外面归来。齐景公伤感地对弦章说："弦章啊，我实在是想念晏子。晏子辞世已然十七载，自那之后，鲜有人愿意当面直言我的过错。方才我射箭未中，他们却齐声叫好，这真叫我心中烦闷！"

弦章听了，心有所感。他回答齐景公说："此乃大臣们之过。论及智慧，他们或未能察觉您的不足；论及胆量，他们或惧于冒犯君威而不敢进谏。古人云'上行下效'，君主之所好，臣子常有所追随。昔日卫灵公喜乘马车招摇过市，其臣属亦纷纷效仿，致使卫国奢靡之风渐长。如今陛下思及无人进谏之事，莫不是晏子故去后，陛下于无意之中对批评有所抵触，而更乐于听闻阿谀奉承之语？"

这一番话令齐景公心中豁然开朗，他略带羞赧地点点头说："所言极是，君之言语，令我茅塞顿开。"

【品德小语】

这则故事告诉人们,只有真心愿意接受批评、建议的人,才会经常听到别人对你的批评、建议。如果总是听到别人恭维自己,那起因主要就出在自己身上。

上行下效的意思是指上面的人(领导)怎样做,下面的人(下属)就跟着怎么做。领导的示范作用非常重要,领导人能够严格要求自己,下面就会跟着学。阻止一种坏现象的存在,就要从高层做起,这样下层就会不攻自破。该故事还告诫人们,要想让下属行为正直,领导者自己首先要做到以身作则。否则,就会出现"上梁不正,下梁歪"的现象。

8 家有老妻

晏子是一位德才兼备的人,他在齐国辅佐了三代君王。尽管他虽身居高位,俸禄丰厚,但却朴素节俭,时常将多余的财物拿去帮助亲族,对百姓体恤有加。他对自己妻子的道义情谊,同样令人称赞。

齐景公当政时期,晏子凭借自己的智慧与德行,帮助齐景公治理朝政,深受齐景公器重。齐景公有一个心爱的女儿,年轻美貌,便想将女儿嫁给晏子。一天,齐景公到晏子家中做客,喝到尽兴的时候,景公正巧看到晏子的妻子,便向晏子问道:"刚才那位是先生的妻子吗?"晏子答道:"正是。"齐景公道:"寡人有个女儿,青春姣好,欲配先生,意下如何?"晏子听后,恭谨地站起来,离开座席,向齐景公作礼道:"回君上,如今臣下的妻子虽然年老色衰,但臣下与她共同生活在一起已经很多年了,自然也见过她年轻貌美的模样。而且为人妻的,本以少壮托附一生至年老，美貌托身到衰丑。妻子在年轻姣好的时候，将终身托付给我，我纳聘迎娶接纳了，跟臣一起生活这么多年，君王虽然现有荣赐，可晏婴岂能违背她年轻时对臣的托付呢？"于是，晏子又拜了两拜，委婉辞谢了齐景公，齐景公见晏婴如此重视夫妻之义，便也不再提及此事。

有一次，田无宇到晏子家中，见晏子一人在内室，有一位妇人从屋内走了出来，头发斑白，穿着黑色的粗布衣服，十分俭朴。田无宇假装不知道，故意用讥讽的语气对着晏子说道："刚才那个从室内出来的人是谁啊？"晏子礼貌地答道："是我家妻子。"田无宇看着晏子说："贵为中卿的地位，食邑田税颇为丰厚，为何还要守老妻啊？"晏子于是说："晏婴听说，休掉年老的妻子称为乱；纳娶年少的美妾称为婬；见色忘义，处富贵就背弃伦常称为逆道。晏婴怎么可以有婬乱的行为，不顾伦理道德，逆反古人之道呢？"

【品德小语】

无论多么年轻美貌的女子，也终有年老之时。夫妻携手，本应白头偕老，共度一生，又岂能在得势之时，就抛下结发妻子于不顾呢？晏子虽贵为齐国大臣，又遇君王亲自提亲，可谓高攀金枝，却仍不愿违背伦常道德，委婉谢绝了君王的美意，其德行令人敬佩。

夫义妇德，夫妻两人有缘走到一起，是多么难得的缘分。在日复一日、年复一年的生活中，彼此互相关怀、互相照顾，一同孝敬父母、教育子女，携手走过多少风风雨雨，又一起尝过多少酸甜苦辣，为了家庭都逝去了青春年华。而在共患难之后，是否能够同甘苦？晏子给我们做出了最好的榜样。不离不弃，哪怕是君王提亲、旁人嘲笑，他对妻子也依然如此尊敬、爱护，有情有义，这才是夫妻之间的真情真爱，也体现出晏子的操守品行，令人敬重。

9 老莱子孝父

春秋时期,有个隐士叫老莱子,是位出了名的大孝子。他在七十岁的时候,从不在父母面前说"老"这个字,因为他害怕说自己老,父母会觉得是在变相提醒他们更老了。

传说,为了让父母开心,他常常穿着孩童时候的花衣服,模仿刚开始学担水时,在大堂外故意滑倒,装出像小孩子的声音大哭,父母看见儿子的举动滑稽,又好笑又心疼。

有人问老莱子为何这样做,他回答道:"孩子在父母眼里永远是孩子,只要孩子还需要父母,父母就会感到仍有存在的意义,从而会忘记自己的年纪,认为自己还有可用之处。"

【品德小语】

俗话讲:"百孝不如一顺,百顺不如一用。"父母的孤独,是从感觉孩子不再需要他们开始的。孝顺父母,让他们有尊严地老去,除了平日里尊重老人外,更重要的是让他们依然找到自己的价值与意义,而不是一个累赘,从而为他们提供最快乐的晚年时光。

身为儿女,让父母心里安定,使父母感觉仍然被儿女"需要",对这个家依然有价值,这是最高境界的孝顺。

10 一诺千金

西汉初年,有一个叫季布的人,他特别讲信义。只要是他答应过的事,无论有多大困难,他一定想方设法办到。当时还流传着一句谚语："得黄金百,不如得季布一诺。"意为得到一百两黄金,也不如得到季布的一个承诺。

后来,刘邦打败了项羽当了皇帝,开始搜捕项羽的部下。季布曾经是项羽的得力干将,所以刘邦下令,只要谁能将季布送到官府,就赏赐他一千两黄金。但是,季布的信义深得人心,人们宁愿冒着被杀头的危险为他提供藏身之所,也不愿为赏赐的一千两黄金而出卖他。

有个姓周的人得到刘邦要杀季布的消息,秘密地将季布送到鲁地一户朱姓的人家。朱家很欣赏季布对朋友的信义,尽力将季布保护起来。不仅如此,他还专程到洛阳去找汝阴侯夏侯婴,请他解救季布。

夏侯婴从小与刘邦很亲近,还为刘邦建立汉王朝立下了汗马功劳。他也很欣赏季布的信义,在刘邦面前为季布说情,终于使刘邦赦免了季布。后来,刘邦还任命季布做了河东太守。

【品德小语】

信用既是无形的力量,也是无形的财富。失足时,你可以马上恢复站立;失信时,你也许永难挽回。重义之人坚守诺言,答应别人的事,想尽办法也要办到。

人是社会中的人,要想生活幸福就应当广交善友。朋友有各种类型,但是交朋友的原则是一致的,应当做到以下"六无":一是无私。真正交朋友应当是无私无欲的,能够为对方着想,不图个人的一己私利。二是无假。交朋友必须以诚相待,决不可虚情假意。三是无悔。既然交了朋友就该无怨无悔,不能过多挑剔对方,要多理解、多包容。四是无价。朋友之间是纯洁的友谊,是心灵的共鸣,朋友间的互相帮助是不求回报的真心付出。五是无疑。疑人不交,交人不疑。怀疑朋友就是怀疑自己。六是无止。是朋友就应当天长地久,不能现用现交。

11 萧规曹随

汉朝刚立国的时候,百废待兴。丞相萧何顺应民意,鼓励人民积极生产,发展农桑,并且制定了详细的规章制度。

萧何薨后,曹参当了丞相。他没有轻率地改动萧何所立的规章制度,一直遵循萧何的旧规。曹参深知,频繁的政策变动会给社会带来不必要的动荡,因此他选择维持政策的连续性和稳定性,以确保国家能够平稳发展。然而,曹参的"无为而治"并非真正的无所作为。他注重维护社会秩序,减轻百姓负担,鼓励农业生产,确保国家经济持续恢复。同时,他也善于倾听朝臣的意见,对于合理的建议会予以采纳,并在不违背萧何原则的基础上进行适当的调整。朝臣看他"整日无所事事",于是参奏惠帝告他怠慢政务。

惠帝就召曹参询问。曹参解释说:"萧何跟着高祖一起打天下,学识渊博,又见多识广,我自愧不如。既然我不如萧何,那为什么要更改他的政令呢?"

惠帝恍然大悟。在曹参的参政下,汉朝的国力得以迅速恢复,万民赞颂。

【品德小语】

很多时候,承认自己无知,是一种谦卑。知道自己无知,是一种智慧。认清自己,放低姿态,才能规避祸患,把路走宽。

《论语》曰:"君子泰而不骄,小人骄而不泰。"其意思是说,越是没有学识的人,越是容易骄傲自满;越是见过大世面的人,越懂得自己的渺小。人外有人，山外有山。谦逊，不是怯懦，不是无能，而是一种智慧。只有保持空杯心态，把自己看小，人生的道路才会越走越广阔。

12　苏武牧羊

自匈奴被汉朝将领卫青、霍去病打败以后，边关迎来了长久的宁静时期。然而，匈奴虽表面求和，实则仍有进犯中原之心。

在汉武帝晚年时期，汉朝与匈奴的关系再次微妙起来。匈奴派使者来求和，汉武帝为了回应匈奴此举，派中郎将苏武拿着旌节，率副手张胜和随员常惠出使匈奴。

苏武到了匈奴，依礼献上礼物。苏武正等着单于写了回信就可回中原复命，没想到就在此时，匈奴的上层发生了内讧，苏武一行人也受到了牵连。匈奴单于借机扣押了苏武，要他背叛汉朝。苏武不从，单于便许以高官厚禄，当再次被苏武严词拒绝后，单于越发敬重苏武的气节，不愿杀他，但也不愿放他回去，便将他发配到北海牧羊。

苏武到了北海，周围人烟稀少，与他做伴最多的是那面代表朝廷的旌节。日子久了，旌节上的穗子也渐渐脱落了。一直到公元前85年，匈奴的单于去世，内部陷入权力纷争的混乱劈面。新单于没有力量再跟汉朝抗衡，再次遣使者求和。

那时候，汉武帝已驾崩，汉昭帝即位。汉昭帝派使者到匈奴去，要求单于放回苏武，匈奴谎称苏武已经老死。使者信以为真，就没有再提及此事。

　　不久,汉使者再次出使匈奴。此时,苏武的随从常惠还在匈奴,他设法买通匈奴人,私下与汉使者见面,把苏武在北海牧羊的实情告诉了使者。使者见了单于,严厉责备他说:"匈奴既然存心同汉朝和好,就不应该欺骗汉朝。我们皇上得知苏武还活着,你们怎么说他去世了呢?"

　　单于听后大惊失色,他未料到汉朝会如此重视苏武。他连忙向使者道歉说:"苏武确实还活着,我们立即把他放回去就是了。"

　　苏武出使的时候,才四十岁。在匈奴受了十九年的折磨,胡须、头发全白了。回到长安的那一天,人们都在街道两旁迎接他。人们瞧见白胡须、白头发的苏武手里拿着光杆子旌节,没有一个不动容的,都说他是个有气节的大丈夫。

【品德小语】

　　苏武是一个有气节的大丈夫。气节,是指人的志气和节操,也指坚持正义,在敌人或压力面前不屈服的品质。有气节的人,不管走到哪里,都会受到人们的尊崇和敬重。

　　气节是一个国家的脊梁,是一个民族的灵魂,也是引导人们向上、向善的重要力量。因此,一个人要不断涵养气节,成就自我。只有富贵不能淫,贫贱不能移,威武不能屈,才能坚守气节,才能为天地立心,为民众立命,为万世开太平。

13　郭伋亭候

　　汉朝郭伋,是茂陵(今陕西兴平)人,到并州(今山西省部分地区)做刺史,对待百姓素来广结恩德,言出必行。

有一次,他准备到管辖的西河郡(今山西离石附近)去巡视。有几百个孩子,每个孩子骑了一根竹竿当作"马",在道路上迎接郭伋,还热情地欢送他,并且孩子们还问他什么日子再回来。郭伋仔细计算了一下日程,把返回的准确日子告诉了孩子们。

郭伋巡视得很顺利,比预定告诉孩子们的日子早回来了一天。他恐怕失了信,就在离城里还有一段距离的荒凉野亭里住了一晚,第二天才进城。当天,那些孩子们又骑着"竹马"在路上欢迎郭伋的归来。

【品德小语】

郭伋作为官员,十分珍视自己的承诺。他深知言出必行的价值,即使面对的是一群小孩子,也绝不轻易失信。这体现了诚信是一种无论对象和情境如何都应该坚守的品质。在社会交往中,无论是对成年人还是儿童,无论是在大事还是小事上,遵守承诺都能赢得他人的信任和尊重。

在我国的传统伦理中,诚实守信被看作"立身之本""举政之本""进德修业之本"。自古以来,中国人就赞美诚信,并把它贯彻到日常生活的方方面面。比如,在交往中,人们常说"君子一言,驷马难追""言必信,行必果";在经济生活中,人们把"童叟无欺""货真价实"作为经商之德,形成了以诚待人、以信接物、买卖公平、保质保量的商业伦理和信用原则。尽管世代更替,但是中华民族讲诚信的优良传统始终延续不断。

14 杨震拒金

杨震是东汉时弘农郡华阴县人。因他博学多才,又非常热心教育事业,故在家乡办学时慕名求学者络绎不绝。他教学有方,不分贫富,为国家培养了大量人才,名声大噪。

大将军邓骘听说杨震德才兼备，很敬重杨震学识贤能，就邀请他到自己府内任职，不久推荐他为"茂材"。经过屡次举荐升职，杨震先后做了荆州刺史、东莱太守。

杨震去东莱上任的时候，路过昌邑。该县县令王密是杨震在出任荆州刺史时推举的官员，王县令听闻杨震到来，晚上悄悄去拜访杨震，并带去黄金十斤作为礼品。王县令赠送如此重礼，自有想法，一来感谢杨震过去对自己的举荐，二来欲贿赂杨震今后在仕途上多多关照自己。

杨震见到这份厚礼，婉言予以拒绝，说："故人知君，君不知故人，何也？"王密还以为杨震假装客气，就说："幕夜无知者。"意思是说晚上又有谁能知道呢？杨震义正词严地说："天知、地知、我知、子知，何谓无知者？"王密无言以对，带着礼品惭愧而退。

【品德小语】

杨震为官期间，公正廉洁，不谋私利，举荐贤才，拒贿重金，实乃清官。他在任期内，刚正不阿，恪尽职守，其品德因此为世人称颂。他的拒贿"四知"千古名句，成为清廉自律、拒绝不义馈赠的典源。

杨震也没有利用职权给儿孙置办产业，谋取不当利益。他说："使后世的人称他们为清白官吏的子孙，把这个节操留给他们，就是最宝贵的财富。"

15 陆绩怀橘

陆绩，字"公纪"，三国时期吴国人。他的父亲陆康孝顺良善，曾被当地太守李肃举荐为"孝廉"。陆康做官以后，体恤百姓疾苦，办了许多实事，深得当地老百姓的敬爱，后来成为庐江太守。陆康的言传身教，给年幼的陆绩以至深的影响。

时值东汉末年，陆康与袁术交情非常好。有一次，陆康带着年仅六岁的儿子陆绩，到居住在九江的袁术家里做客。袁术非常高兴，端出橘子热情招待他们。

长辈们谈话的时候，陆绩就坐在一旁剥橘子吃。这橘子甘甜汁多，陆绩特别爱吃。当他伸手再拿第二个的时候不由得想起：妈妈最爱吃的水果就是橘子了，可她还从来没有尝过这么好吃的橘子。想着想着，陆绩的眼前就浮现出妈妈慈爱的笑容……于是，陆绩忍住了自己再吃橘子的念头，而是小心翼翼地拿了三个橘子装进怀里，心想把这些橘子带给母亲，母亲该多高兴啊！

由于大人们谈话都很投入，谁也没有察觉到陆绩的这个小动作。等到陆康准备告辞的时候，陆绩小心翼翼地用双手护住胸前的橘子，然后从椅子上滑下来，随同父亲走到主人面前，鞠躬施礼告别。

不料当陆绩双手作揖，毕恭毕敬地弯下腰来躬身作礼的时候，三个黄灿灿的橘子突然从他胸口的衣襟里"咚咚咚"地掉了出来，滚落在地上。

袁术见此情景，禁不住开怀大笑，然后又故意板起脸孔说："你来我家做客，怎么还把橘子带走啊？"陆绩慌忙跪在地上说："对不起，我母亲最爱吃橘子，您家的橘子特别甜，我想带几个回去给母亲吃。"

袁术听了之后感到非常惊讶，随即脸上又现出喜悦之色，内心不禁感叹：这么小的孩子就能时时惦记母亲的喜好，实在难能可贵呀！陆绩怀橘敬母的行为和他率真的天性，也使在场的人都深受感动，大家不禁交口称赞。

【品德小语】

陆绩六岁就知道拿橘子让母亲品尝，在他幼小的心灵里已埋下"孝"的种子。孝道是中华民族的传统美德，关心父母、爱护父母、赡养父母，既是做儿女的责任与义务，也是一种高尚的品德。

一个人的孝心要从小培养。一要让孩子明理，知道没有父母便没有孩子的一切，父母恩深似海；二要让孩子了解父母为他和家庭所付出的辛苦；三要让孩子知恩图报；四要从日常小事训练培养孩子孝敬父母的行为习惯；五是父母本人也要做孝敬长辈的楷模，身教重于言传。

16 遗子孙以清白

南北朝时期，著名的贤相徐勉虽然官位显要，但清正廉洁，家中没有什么积蓄。所得的薪俸实物，都分送赡养亲族中贫困人家。他的弟子和老友曾善意地劝说他要为家人考虑，徐勉回答说："别人给子孙留下的是财物，我给子孙留下的是清白。子孙们如果有才干，那么他们自己会创造出财富；如果他们没有一点儿本领，即使留给他们一大笔财产最后还是归于别人。"

徐勉写信告诫儿子徐崧说："古人所谓'以清白遗子孙，不亦厚乎。''遗子黄金满籝，不如一经。'详求此言，信非徒语。"其意思是："古人所说的'以清白留给子孙，不也是很丰厚的吗？''给子孙留下满箱的黄金，倒不如教他们学好一部经书。'细细琢磨古人说的这些话，确实说的都不是空话。"

徐勉的两个儿子后来都很有才能，而且都以父亲教授的"清白"二字为做人准则，这同徐勉良好家教的熏陶是分不开的。

【品德小语】

徐勉留给子孙清白，这是一笔最为富足也最为宝贵的财产。他之所以这样做，理由主要有三：第一，留下一大笔家产给子孙，如果子孙只会花费,不懂管理,结果还是归于别人,白费一场安排;第二,子孙有才学,即使没有一点儿家产留给他们,但凭他们的学识和本领,也能富裕起来;第三,也是最为重要的,给子孙满箱黄金,不如培养他们长知识长技能,懂得为人之道。

徐勉教子重德向善,才是为子孙做长远的考虑,才能使其真正受益。从而让子孙在任何时候都能够保持清醒的头脑,善于明辨是非,有助于选择正确的人生道路。

17 自作自受

唐高宗驾崩后,皇后武则天独揽大权,终至登基做了女皇帝。她以严刑酷法震慑朝野,对那些为非作歹的贪官污吏毫不留情。一日,有人密告文昌右丞相周兴企图谋反。于是,武则天派酷吏来俊臣去审理此案。

来俊臣派人请来周兴,不动声色地先假意与周兴聊天,并请他一起喝酒。酒宴上,来俊臣问周兴说:"现在有些囚犯不招罪,你说用什么好的方法让他们认罪,用什么方法制裁他们才好呢?"

这周兴也是一个酷吏,他整人的办法五花八门。这次来俊臣把他请来,他还蒙在鼓里,一点儿也不了解真相。他扬扬得意地呷着美酒,同时自作聪明地向来俊臣介绍了一种自己惯常使用的整人办法。他说:"这简单得很,我有一个好办法,包管让囚犯一个个服服帖帖认罪。"

来俊臣不动声色地说:"什么办法?请仔细介绍,我也照此办理。"

周兴说:"拿一个大坛子来,周围堆上火炭烧烤,待烤得滚烫时,令犯人进到大坛子里去,看谁还敢不招供他的罪行?"

来俊臣听罢,立即派人搬来一个大坛子,按周兴所说的办法在坛子周围点上炭火。不一会儿,坛子烧得滚烫。来俊臣站起身来对周兴说道:"如今宫中已有旨意,要我来审问周兄你的罪行,我想还是先请周兄进入这个大瓮里去再说吧,你也好亲自体验体验自己的杰作呀。"

来俊臣的话音刚落,周兴早已吓得魂不附体,连忙跪下,一个劲地叩头谢罪。

【品德小语】

自作自受,意思是自己做了坏事或蠢事后,带来的不良后果由自己承担。在现实生活中,那些作恶多端变着法子整人的人,迟早也有遭到"以其人之道还治其人之身"的下场的那一天。

在现代汉语中,"自作自受"的意思是指一个人做了错事,自己承受不好的后果。要秉持正义与善良,坚决摒弃恶行。周兴因作恶多端,设计残忍刑罚迫害他人,最终自食恶果。我们在为人处世时,应遵循道德和法律规范,不做伤害他人、违背公序良俗之事,以善良之心对待他人,积极传播正能量,如此方能问心无愧,避免因恶行而陷入困境。

18　狄仁杰的为人之道

狄仁杰是武则天当政时期杰出的宰相,以其公正无私和卓越的政绩而闻名。他在当豫州刺史时,办事公正,执法严明,受到当地百姓的称赞。于是,武则天把他调回京城,任为宰相。

有一天,武则天对狄仁杰说:"听说你在豫州的时候,名声很好,政绩突出,但也有人揭你的短,你想知道是谁吗?"

狄仁杰说："人家说我的不好,如果确是我的过错,我愿意改正。如果陛下已经弄清楚不是我的过错,这是我的幸运。至于是谁在背后说我的不是,我不想知道,这样大家可以更好地相处。"

武则天听后,觉得狄仁杰气量大,胸襟宽,很有政治家风度,更加赏识和敬重他,尊称他为"国老"。为了表彰他的功绩,武则天还赠给他紫袍色带,并在朝廷上多次称赞他的贤能。

后来,狄仁杰因病去世,武则天悲痛地说："上天过早地夺去了我的国老,使朕失去了如此贤能的臣子。"

【品德小语】

气度与胸襟都是人格向善的基石。人生需要拿得起的勇气,更需要放得下的胸襟。学会公正地看待流言蜚语,也是一个人成长的必经之路。

气度是一种胸襟和风度,一个人的气度决定了他精神和事业的高度。心胸宽广拥有大气度的人,他们无论何时何地,都不会被情绪所左右,不管顺境逆境,都能坦然面对,泰然处之。

气度大的人,容人之量、容物之量也大,能和各种不同性格、不同脾气的人处得来;能兼容并蓄,听得进批评自己的话;也能忍辱负重,经得起误会和委屈。

19 一壶酒品人格

在北宋初期,北宋名将曹彬与后来的开国皇帝宋太祖赵匡胤都曾在后周世宗柴荣的朝廷中效力。下做官,但两人的官职却不一样,赵匡胤是大将,位高权重,而曹彬只是一个负责掌管茶酒的小官。

一日，赵匡胤在宫廷中遇到曹彬，两人交谈甚欢。赵匡胤对曹彬的才华和为人颇为欣赏，便提出想要品尝宫廷中的美酒。这让曹彬犯了难，因为朝廷有规定，不能私自把酒送给任何人。如果把酒给赵匡胤，那就坏了规矩。可是，赵匡胤是大将军，如果得罪了他，后果也很严重。

曹彬想了想，便有了主意，他对赵匡胤说："将军，这是官酒，我不能私下赠与您。"赵匡胤一听，正要发怒，只见曹彬从怀里掏出一块银子，交给属下说："给我打一壶酒来。"属下先是一愣，但很快就明白了曹彬的用意，便把银两收起来，给曹彬打了一壶酒。曹彬把酒倒进杯里，亲自端给赵匡胤。赵匡胤明白了曹彬的良苦用心，便把这壶酒一饮而尽。

赵匡胤心中对曹彬的机智和操守暗暗称赞。他意识到，这位看似低调的官员，实则有着非凡的智慧和品德。从此，赵匡胤对曹彬刮目相看，并在日后的政治生涯中不断提拔他，委以重任。

曹彬果然不负赵匡胤的期望，他在北宋的建立和巩固过程中发挥了重要作用，成为一位备受尊敬的将领。他的事迹和品德，也被后人广为传颂，成为历史上的一段佳话。

【品德小语】

这则故事中曹彬既给足了赵匡胤面子，又不违背朝廷的规定，体现了曹彬的节操和人格。

一个成功人士不仅要有崇高的理想，而且要有高尚的人格。一要自觉塑造责任人格。责任人格的核心是忠诚使命，爱岗敬业，履职尽责。二要自觉塑造求实人格。求实人格的核心是讲究实际，踏实干事，不求浮华。三要自觉塑造奉献人格。奉献人格的核心是讲付出而不过于索取，讲贡献而不计名利。

20 程门立雪

在宋朝时期，有一位名叫杨时的青年学者，他自幼勤奋好学，后来考中了进士，然而，他不愿做官，而是选择继续访师求教，钻研学问。当时，程颢、程颐两兄弟是全国有名的学问家。杨时先是拜程颢为老师，学到了不少知识。四年后，程颢逝世了，为了继续学习，他又拜程颐为老师。这时候，杨时已经40岁了，但对老师还是那么谦虚、恭敬。

有一天，天空浓云密布，眼看一场大雪就要到来。午饭后，杨时为了找老师请教一个问题，约了同学游酢一起去程颐家里。到达后，他们得知先生正在睡午觉。杨时不愿打扰老师午睡，便一声不响地立在门外等候。

天上飘起了鹅毛大雪，越下越大。杨时和游酢站在门外，雪花在头上飘舞，凛冽的寒气冻得他们浑身发抖，他们仍旧站在门外等候。过了一个多时辰，程颐醒过来，才知道杨时和游酢在门外雪地里已经等了好久，便赶快叫他们进来。这时候，门外的雪已经积得有一尺多深了。

杨时这种尊敬老师的优良品德，一直受到人们的称赞。正是由于他能够尊敬师长，虚心向老师求教，学业才进步很快，终于成为一位全国知名的学者。四面八方来向他求教的人，都不远千里地来拜他为老师，大家尊称他为"龟山先生"。

【品德小语】

老师是给予学生第二次生命的人。在学习的过程中，学生从目不识丁直至学富五车，无不是老师用辛勤的汗水浇开了学生的知识之花。如果不是老师这根明烛，我们也许永远不知道知识的美丽。故我们一定要尊重给你知识、改变你命运的老师。

在现实生活中,我们都要尊敬老师。尊敬老师,首先要在认识上、感情上理解老师;其次要尊重老师的劳动;再次要虚心接受老师的批评教育;最后要养成使用礼貌用语、主动向老师问好的习惯。

21 不为良相,便为良医

宋朝宰相范仲淹,字希文,苏州吴县人。父亲早逝,母亲谢氏贫而无依,只好带着尚在襁褓中的范仲淹改嫁山东淄州长山县一户姓朱的人家。

范仲淹从小读书就十分刻苦,一心想要济世救人。他读书非常刻苦,无论是白天还是晚上都用心学习。在寒窗苦读的五年中,他没有脱去衣服上床睡觉,有时夜里感到昏昏欲睡,就用凉水浇在脸上。通过多年的寒窗苦读,范仲淹领悟了六经的主旨,立下了造福天下的志向。他一直提醒自己:"先天下之忧而忧,后天下之乐而乐。"

有一次,他遇到一个算命先生,问道:"我以后能不能当宰相?"算命先生说:"小小年纪,口气是不是有点太大了?"范仲淹有点儿不好意思地说:"那你看我可不可以当大夫?"算命先生很好奇,就问范仲淹为什么两个志向差别这么大?范仲淹回答说:"唯有良医和良相可以救人。"算命先生说:"你有这颗存心,真良相也。"

【品德小语】

范仲淹立志向学,当然希望将来得遇明主,报效国家。他认为:能为天下百姓谋福利的,莫过于做宰相;既然做不了宰相,能以自己的所学惠及百姓的,莫过于做医生。倘能做个好医生,上可以疗治君王和父母的疾病,下可以救治天下苍生,中可以教人保健养生、益寿延年。身处底层而能救人利物,为百姓解除疾苦的,还有比当医生更好的职业吗?

范仲淹一生身体力行,堪称"不为良相,便为良医"的典范。做官,就应施行仁政;行医,就应实行仁术。其实无论是良相还是良医,他们的共同之处都是以人为本。

22 庭坚涤秽

宋朝有一位大诗人名叫黄庭坚,他自幼孝敬父母。对于侍奉父母之事,无论大小,都会认真努力做好,从来没有推辞拒绝过。黄庭坚勤奋好学,二十三岁时就考中了进士,并在仕途有所成就。黄庭坚一生不仅为官服务朝廷,造福天下百姓,而且还专心致力道德学问,以非凡的文学艺术造诣为后世留下许多著作。

黄庭坚在做官期间,公务十分繁忙。虽然家里也有仆人,而他却不辞劳苦,依旧亲自照顾母亲的生活点滴,从不懈怠。每天忙完公事回来,他一定会亲自陪在母亲身边,以便时时感受母亲各方面的身心需要,并且亲自侍候母亲,事事力争都达到母亲的欢喜满意。

黄庭坚的做法曾引起了一些人的好奇和不理解。有一次,有人问黄庭坚:"您身为高贵的朝廷命官,又有那么多的仆人,为什么要亲自来做这些杂细的事务,甚至还亲手做刷洗母亲便桶这样卑贱的事情呢?"黄庭坚回答说:"孝顺父母是我的本分,同自己的身份地位没有任何关系,怎能让仆人去代劳呢?再说孝敬父母的事情,是出自一个人对父母至诚感恩的天性,又怎么会有高贵与卑贱的分别呢?"

黄庭坚至诚的孝心及中肯敦厚的品行，不仅为官时一心报效朝廷，服务百姓，同时也通过他的书法和文学才艺上的成就，向世人无声地彰显着圣贤人的德行风范，在潜移默化之中，用他的作品影响着后人。

【品德小语】

自古以来，上至国家君王，下到平民百姓，都是以孝敬父母为修身立德的根本。今天随着客观物质环境的发展变化，人们往往因为所谓的"繁忙"，而过多依赖自己所拥有的外在物质条件，进而取代自己为人子女应尽的本分，甚至将孝道"代理"出去。冷静思考，当我们用物质或其他方式取代我们孝敬父母的本分时，可曾想到：倘若父母在我们小的时候，也用同样的方式将对我们的那份慈爱与呵护"代理"出去，今天的我们会不会有如此的健康身心呢？

忆古思今，黄庭坚能够效法古圣先贤的德行，不受外界环境影响，做到恪尽子道，至诚孝事父母，相信今天的我们，同样能够曲承亲意，力行孝道，给父母一个安康幸福的晚年。

23 不辩，是成熟

北宋名相富弼，因擅长辩论而闻名，连朝堂都少有对手。可年龄渐长，阅历渐深，他的心胸愈发开阔，轻易不与人辩论。

有个穷秀才曾当街拦住他，说："听闻您善辩，若有人公然辱骂你，该如何应对？"富弼答道："我会装作没有听见，一笑了之。"

那人听后，嘲笑他不过是浪得虚名，是个缩头乌龟，于是转身离开。身边仆人不解，喃喃自语道："平日老爷能说会道，怎么今日这么简单的问题都无法辩驳？"富弼笑着说："他带着怒气轻狂而来，就算赢了，对方肯定口服心不服，何必浪费我的时间。"

【品德小语】

生活中,我们往往会羡慕别人能言善辩,口齿伶俐。但实际上,忍不下反驳欲,一心辩论不休,只会是庸人自扰,既在不必要的事中浪费了时间精力,也会让人敬之不敏,避而远之。选择不辩,学会沉默,管住自己的嘴,方能活得自在而洒脱。

能容言、容事、容人,在沉默中修养身心,才是一个人最大的成熟。容言,即无论别人说什么,都要辩证地听,不要一听到好话、顺耳话就得意,一听到坏话、刺耳话就满脸不高兴。容事,即做事要认真,不管做什么事,都要以百分之百的努力,一丝不苟、踏踏实实尽到自己的本分。容人,即待人要有一颗平等的心,不管什么人,均以诚待之,容得下他人的所作所为,不揭人所短,不厌人所为,不恶人所行。能容言、容事、容人者,方能得人心。

24 两袖清风

于谦是明朝的名臣,他作风廉洁,为人耿直。于谦生活的那个年代朝政腐败,贪污成风,贿赂公行。

于谦在河南、山西巡抚任上时,官场贪赃纳贿习以为常,外吏入觐时,常常从百姓手中搜刮当地名贵特产作为礼物,赠送给朝中要员。而于谦每次回京城议事,从不带任何礼物。

有人私下劝他"识时务""遵循惯例",他便作诗《入京》表明心志:"绢帕蘑菇与线香,本资民用反为殃。清风两袖朝天去,免得闾阎话短长。"

【品德小语】

于谦《入京》诗大意为:绢帕、蘑菇和线香,本来就是老百姓日常所需的物品,如果搜括入官就会造成祸殃。两袖清风、不持一物返回京城,还可免去老百姓说短道长。

于谦唯愿不给百姓加重负担,宁可只带两袖清风入朝面圣,这是何等的高风亮节。清正廉洁、两袖清风是中华民族的传统美德。清正是水,可以洗去人们身上的污点;廉洁是灯,可以驱散人们心灵的黑暗。只要人人都能坚守以廉为本的做人之道,这世界将会少一分黑暗,多一分美好。

要增强清正廉洁意识,就要做到:在思想上勤自警,始终保持头脑清醒;在工作上常自律,始终保持廉洁奉公;在生活上多自重,始终保持慎独慎微;在作风上重自励,始终保持求真务实。

25 刘瑾之死

明朝最臭名昭著的贪官刘瑾,倚仗权势大肆敛财,凡有官员来京朝见,都要对他行贿送礼。这些行贿的赃款,最少也要有白银上千两。为了满足自己的贪欲,刘瑾甚至利用权势,迫使一些无力行贿的官员向他借款。

短短几年间,刘瑾通过贪污受贿,积累了巨额的财富,连他手下的人都看不惯他的贪婪。百官纷纷上书,加上手下人的举报揭露,刘瑾的家产不仅尽数被抄,自己更是被朝廷凌迟处死。

【品德小语】

古语有云:"官而无德,贵如朝露;富而不义,财如晴雪。"意思是做官的人缺少德行,那么他的官位就像是早上的露水一样,很快就会散去。若是腰缠万贯,却没有仁义,那财富就像是太阳下的积雪,很快就会融化消失。钱财之物,想要牢牢握在手中,需要厚重的福德去承载,否则即便金玉满堂也会付之一炬。

正如《胡子知言》中所说:"有德而富贵者,乘富贵之势而利物;无德而富贵者,乘富贵之势而残身。"意思是德行足够深厚之人拥有了财富,可以利用财富造福众人乃至万物;而空有大量财富而没有德行之人,只会依靠富贵姿态而残害自身。

金钱,除了可以满足自己的欲望,也会放大自己的贪念,稍有不慎就会被其所反噬。财是伤命刀,德乃护身符,有德财能守,无德财尽失。在积累财富之前,先要将自己的德行修炼好,才能更好地驾驭它,同时也能避开祸患。

26　真正的自律

明代大学士徐溥效仿古人,不断检点自己的言行。他在书桌上放了两个瓶子,分别装黑豆和黄豆,每当心中产生一个善念,或说出一句善言,或做了一件善事,便往瓶子中投一粒黄豆。相反,若是内心有什么不好的念头,言行有什么过失,便投一粒黑豆。

开始时,黑豆多黄豆少,他就不断反省并激励自己。渐渐地黄豆和黑豆的数量基本持平,他就再接再厉,更加严格要求自己。久而久之,瓶中黄豆越积越多,而黑豆越来越少。

凭着这种持久的约束和激励,他不断修炼自己、完善自我,终成德高望重的一代名臣。

【品德小语】

什么是真正的自律?就是"做不喜欢但应该做的事情",并将它做到极致。换句话说，就是要经常强迫自己进入好的状态。这样，你便不会为那些真正需要你应尽的义务而感到痛苦。久而久之，这种自律行为就会变成一种习惯，进而主宰你的行为。

世间哪有那么多心甘情愿和心情愉悦的事？越有用的事情，做起来越不舒服，这就是人性的弱点。这就要求我们咬紧牙关坚持做下去。人只有强迫自己，才能将自身潜在的才华和智慧发挥得淋漓尽致。所以，坚持做不喜欢但应该做的事情，往往能获得意想不到的修为和成功。

27 拾金不昧

秀才何岳，曾经在夜晚走路时捡到200余两白银，但是不敢和家人说起这件事，担心家人劝他留下这笔钱。

第二天早晨，他携带着银子来到捡钱的地方。看到有一个人正在寻找什么东西，便上前问话，回答的数目与封存的标记都与他捡到的相符合，于是他把钱还给了失主。失主想从中取出一部分钱作为酬谢，何岳说："捡到钱而没有人知道，这些钱就可以算是我的了，我连这些都不要，又怎会贪图你的赏钱呢？"失主感动地连连拜谢。

何岳还曾经在做官的人家中教书，官吏有事要去京城，将一个箱子寄放在他那里，里面有黄金数百两。官吏说："等到他日我回来再来取。"但过去了许多年，没有一点音信。后来得知官吏的侄子来到此地，但并非取箱子，何岳便托官吏的侄子把箱子带给官吏。

【品德小语】

秀才何岳只是一个穷书生而已,捡到巨额银两如数归还,短时期内还可以勉励自己不起贪心;黄金百两寄放在他那里数年却一点儿也不动心,凭这一点就可以看出他的品德远过于常人。

拾金不昧,意思是拾到东西并不隐瞒下来据为己有。它是指良好的人的道德和社会风尚,也是中华民族的传统美德。何岳面对金钱的诱惑,不为所动,拾起的是文明之花,传递的是诚信之爱。

28 德可聚财

有一对温州父子开了一家药店,父亲给人看病,儿子负责抓药。儿子给人抓药时,严格按药方称足分量,有些变质的药材宁愿扔掉亏本也不卖给病人。

刚开始时,药店的生意平淡如水。有人说儿子太傻,还有人教他:贵药少称,便宜的药多称,混合后总重量不变。儿子听罢笑着说:"药的分量不够哪能治好病?做生意可不能昧了良心。"

凭借厚道的经营理念,药店的名声渐渐传开。不仅买药的回头客逐渐增多,上门找父亲看病的人也越来越多。几个月时间,父子俩的生意一天比一天红火,最终他们的药店成为当地最大的药店。

【品德小语】

《菜根谭》中说:"不求非分之福,不贪无故之获。"那些总想着把好处全占的人,就是在给自己挖坑;只有能主动吃亏的人,生活才会回馈你好运。这则故事告诉人们,德可聚财。即凡事别太精明,以厚道处世,貌似吃亏,但从长远来看,却是为自己不断集福攒运。

现实生活中有些人总喜欢占点儿小便宜,千方百计地打小算盘。但天底下没有白吃的午餐,你占的是便宜,丢的是自己的人品,毁的是自己的人生。不贪小便宜,厚道做人,才是人世间一本万利的生意。

29 沈从文与郁达夫轶事

沈从文,作为一代文学巨匠,也曾经历过生活的艰辛与窘迫。年轻时,他怀揣着对文学的无限热爱与梦想,独自一人来到北京闯荡。尽管他的正规教育只到小学,但他凭借过人的自学能力和对文学的执着追求,逐渐在文学领域崭露头角。然而,在没有稳定工作的情况下,他只能依靠打零工来维持生计,同时作为北大的一名旁听生,不断汲取知识的养分。

在那个寒冬腊月的季节里,沈从文的生活尤为艰难。他的小屋没有暖气,常常面临断粮的困境,寒冷与饥饿交织成他生活中的至暗时刻。

在万般无奈之下,他鼓起勇气,向京城的几位知名作家写信求助。其中,已在文坛享有盛誉的郁达夫在收到信后,毫不犹豫地前往探望沈从文。当他踏入沈从文那简陋的居所,看到沈从文裹着单薄的被子,在寒风中瑟瑟发抖时,郁达夫立刻解下自己的围巾,为沈从文围上,以抵御刺骨的寒冷。

中午时分,郁达夫邀请沈从文一同外出用餐,并在用餐过程中,将自己身上所带的钱全部留给了沈从文,以解他的燃眉之急。饭后,郁达夫更是积极为沈从文寻找工作机会,最终成功将他介绍到一家出版社担任编辑,从而为他提供了稳定的经济来源。

有了生活的保障,沈从文得以全身心地投入文学创作中。他凭借自己的才华与努力,终于以小说《边城》一鸣惊人,成为文坛上一颗璀璨的明星。

对于郁达夫在自己最困难时刻所给予的无私帮助,沈从文始终铭记于心。半个世纪后,当郁达夫的侄女郁风前来拜访时,沈从文依然激动地谈起这段往事,连声说:"谢谢,谢谢!"他的话语中充满了对郁达夫雪中送炭之情的深深感激。

【品德小语】

人情往来,懂得感恩最为重要,这是一种生活态度,也是生活的大智慧。人生一世,谁也不可能一帆风顺、事事如意。当别人对你伸出援助之手的时候,要记得说声谢谢。心怀感恩,才能时常感知到自己拥有的幸福。

心中有恩情,生活有美好。感恩父母,感恩生活,感恩生命中出现的所有贵客。人世间的一切都不是理所当然的,每一句谢谢背后,都是别人给予的帮助,都是值得珍藏的记忆。而这些记忆也会成为我们一往无前、无所畏惧的勇气。心知足,懂感恩,纵然日子是平平淡淡的,也是一种幸福。生命若是一场旅途,感恩就是最美的盛放,它给予了每个人千回百转的暖。

30 根植于内心的修养

一次,吴小闲陪同总经理去客户公司谈业务,午餐时,他们选择了一家颇受好评的酒店,点了一桌色香味俱佳的菜肴。用餐过程中,服务生又端上一道特色菜,总经理礼貌地说:"谢谢,这些菜已经够了,不需要再加菜了。"服务生解释道:"这道菜是免费赠送的。"总经理依然笑着回答:"免费的我们也心领了,但实在吃不了这么多,不能浪费食物啊。"

饭后,总经理将吃剩的菜肴打包带走。回公司的路上,总经理将车子开得很慢,好像在寻找什么。突然,总经理将车停在了一个街角,那里坐着一位衣衫褴褛的老人。总经理轻轻打开车门,手里提着打包好的食物,面带微笑,恭敬地走到老人面前,将食物递了过去。老人抬起头,眼中闪过一丝惊讶和感激。

看着这一幕,吴小闲心中涌动着敬佩和感动。他意识到,真正的品格和修养,往往体现在这些细微之处。

【品德小语】

一个人的教养最重要的体现,就是根植于内心的修养。根植,就是那些修养已经在你的体内生根发芽了,会时时刻刻感受到它的存在。真正根植于内心的修养,不是表演给别人看的,这种高贵已经潜移默化地刻在了他的骨子里。

当那些最美好的品行从心里、从言行中,随时随地、自然而然地流露出来,个人修养就已经成为一种无形的力量,约束或支撑着他的行为。

31 陶行知的四颗糖

20世纪二三十年代的一天,校园里发生了一起小冲突。有一个男生用砖块砸自己班上的一名男生,陶行知发现后制止了他,并让他放学后到校长室。

陶行知回到校长室,男生早已等着挨训了。可是陶行知却笑着掏出一颗糖果送给他,说:"这是奖给你的,因为你很准时,而我却迟到了。"男生惊疑地接过糖果。随后陶行知又掏出第二颗糖果放到他的手里,说:"这是奖励你的,因为我不让你打人时,你立即就停止了,这说明你很尊重我,我应该奖励你。"男生更惊疑了。这时陶行知又掏出第三颗糖果塞到男生手里,说:"我调查过了,你用砖块砸那名男生,是因为他欺负了女生;你砸他说明你很正直善良,且有跟坏人做斗争的勇气,应该奖励你啊!"男生感动极了,他流着眼泪后悔地说道:"陶校长,我错了,我砸的不是坏人,而是同学……"

陶行知满意地笑了,他随即掏出第四颗糖果递过去,说:"为你正确地认识到自己的错误,我再奖给你一块糖果……"

【品德小语】

知名教育家陶行知给男生的第一颗糖是关爱。爱是一种信任,爱是一种尊重,爱是一种鞭策,爱更是一种能触及灵魂、动人心魄的教育过程。给男生的第二颗糖是宽容。其实,对"问题学生"一味地打压更会加剧学生的抵触情绪。对犯错的学生,我们要多一分耐心,少一分急躁;多一点儿宽容,少一点儿斥责。给男生的第三颗糖是信任。信任是人与人之间沟通的必要条件。人生之幸,莫过于被人信任;人生之憾,莫过于失信于人。给男生的第四颗糖是激励。每个学生都需要被激励,激励是培养学生自信心的有效方法。

这则故事告诉人们,真教育是心心相印的活动。唯独从心里发出来的教育,才能触及学生的心灵深处。

32 为母亲镶牙

　　一位母亲年纪大了,牙齿掉光了,儿子开着豪车送母亲到一个牙科诊所镶牙。母亲询问医生镶牙的价格,医生告诉她,镶牙价格从几百到几千元不等,并向她推荐了最好的烤瓷牙。然而,母亲却要了最便宜的那种。医生说这种牙容易损坏,建议母亲镶好一点儿的,边说边看看儿子,示意儿子劝劝母亲。儿子却站在一边继续打他的电话,由母亲和牙医讨价还价。最后,母亲依然决定镶最便宜的那种。

　　和医生谈好价格后,母亲似乎很满意,从怀里掏出一个布包,一层一层打开,拿出钱交了押金,医生让她两周后来镶牙。很快母子俩就离开了诊所。等他们一出门,诊所里的人立马议论纷纷,大家都说儿子的人品有问题,自己衣冠楚楚,开着豪车,为母亲多花点儿钱镶贵一点儿的牙却舍不得。

　　正议论着,诊所的门被推开了,刚刚离开的儿子又折返回来。他走到医生跟前,说:"医生,麻烦您给我母亲镶那种最好的烤瓷牙,费用我来出,不过请您不要告诉我母亲。她是一个十分节俭的人,要是她知道了,肯定不会镶的。"说着,儿子随即把镶价格贵的烤瓷牙的钱补齐了。望着儿子离开的背影,大家才明白刚才儿子为什么不劝母亲:原来孝顺有时也需要悄悄进行。

【品德小语】

　　孝敬父母,是一个人最基本的道德底线。真正的孝顺不是做给他人看的,而是发自内心的孝敬和爱的智慧。

　　这则故事告诉人们,每一个父母都是先为儿女着想的,都不想增加儿女的额外负担。如果儿女执意选择价格贵的烤瓷牙,便会让父母不悦。所以，作为一个孝子，应当做到让父母安心，也让自己无愧。这才是一个人真正的孝顺。

33 他丢失了指南针

　　他喜欢打猎，每年休假都外出上山打猎，有时是一个人去，但大多数时间是和朋友结伴而行。

　　这一年，正好他的堂兄和他约好同时休假去打猎。他们准备好行装，乘车去了北部大森林。这是一片原始森林，一望无际，树木茂密，有许多野兔、山鸡之类的小动物，是非常好的捕猎地，每年都引来许多游人。但是据当地的人说，林子里也有虎、狼一类凶猛的动物，所以来这里打猎的人一般都几人同行，且从不去林子深处打猎。

　　他和堂兄进到林子里，一路上，两人形影不离，寻找猎物。进山的第三天，他们一大早就打到了一只野鸡，紧接着又发现了一只野兔。然而野兔也发现了他们，撒开腿拼命地逃跑，他们就在后面猛追。追了很远，最后他们累得实在跑不动了，才停下来，坐在地上休息了一会儿，然后顺着原路返回。

　　到了中午时分，他们还没有回到宿营地。按走的时间推算，他们早该到了，一定是走错路了。他们又返回去寻找宿营地，他们努力回想着，凭着记忆，走过一片片林木。可是直到天黑，他们还没有找到宿营地，他们知道自己彻底迷路了。

　　他们内心充满了恐惧，他们带的指南针、水和食物都在宿营地里的背包里。在这样的原始森林里，如果没有指南针，是很难走出去的。天已经完全黑下来了，他们相互依偎着在树下熬过难挨的夜晚。他们内心很清楚，他们现在唯一的食物就是早晨出来时每个人随身带了一壶水，而要走出大森林就全靠它们了。

　　第二天他们早早起来，看着日出，辨别方向，然后开始向南走。他们希望这是真正的南向，因为只有向南走，才可以走出这片大森林。中午的时候，两个人又累又饿，坐下休息一会儿，喝了一口水，然后继续走。

　　走了一会儿，看到前面不远处大树旁有一团黑乎乎的东西。走过去一看，发现是一个人，一个满脸皱纹和他们父亲年纪相仿的老人。老人紧闭双眼，躺在大树下。他蹲下身把手放到老人的鼻孔上，发现他还活着。"看样子是和我们一样来这里打猎迷路了，大概是饿昏了。"他回头对堂兄说，然后拿出身上的水壶，想扶起老人给他水喝，堂兄把他拦住了。"不能给他喝。我们只有这一点儿水，还不知道能维持几天。再说，你知道他是什么人？你知道我们救了他，他会不会把我们俩杀了抢我们的水喝？你没听说过农夫和蛇的故事吗？我们还是走吧。"

　　堂兄起身拉着他就走。他回头望了老人一眼，想想堂兄说的话也有道理，就跟着堂兄走了。可是，他越走脚步越沉重，眼前总是浮现出那个昏倒在树下的老人那布满皱纹的脸。每向前走一步，他的心就像被什么东西割一下似的难受。终于，他再也忍不住了，停下来对堂兄说："我们应该回去救那个老人，我们遇到他不去救他，就等于是我们杀死了他。""可是我们自己还不知道能不能活着走出去，我们救了他，就算他不会伤害我们，也会拖累我们，最后可能大家都得死。""可是如果我不回去救他，即使能活着出去，我的良心也会谴责我，我一辈子都会为这件事受折磨。我决定还是回去救他。"

　　"要回去你一个人回去吧，我是不会回去的。"堂兄不满地说。他看了堂兄一眼，转过身，坚定地沿着刚才走过的路往回走。他找到那个昏倒在树下的可怜的老人，轻轻地扶起老人的头，把壶里的水一滴一滴倒进他干裂的嘴里。过了不大一会儿，老人终于醒过来了。他慢慢睁开眼，充满感激地望着他。

接下来发生的事,完全出乎他的意料。老人不是从别处来这里打猎的,他是一名向导。他从小就生活在这片大森林里,熟悉这里的一草一木,并为许多来这里考查的地质学家、打猎的游人带过路。他是这里唯一一位不用带指南针就能穿越这片大森林的人。

老人醒来后,带着他很快就走出了大森林。而他的堂兄,却永远地留在了这片大森林里,他再也没有见到他的堂兄。

【品德小语】

这则故事告诉人们,一个人的良心,就是他最好的指南针。一个人只要按照良心指引的方向前进,肯定不会迷路,肯定会有光明的前途。

一个人什么都可以没有,但一定要有良心。良心,是指人类纯真善良之心,也指人的天性善心。摸着良心说话,是最真的表达;凭着良心做事,是最好的做法。车过留痕,情过留真。走到哪里都别忘了,行好事,做好人,怀善心。

34 中国留学生的"较真"

林思怡,本科毕业于厦门大学,2023年9月到英国读研。当年10月4日,她到苏格兰国家图书馆游览,被展厅里的一件展品吸引住了。她原以为该展品来自中国,可凑近一看才发现其来自日本。但让她感到诧异的是上面的标题翻译成中文是:最早的印刷品实物来自公元8世纪的日本和韩国,比欧洲的印刷术早了几百年。

"难道最早的印刷品实物不是来自中国吗?"林思怡说在自己的印象里,雕版印刷术起源于中国古代的隋朝。带着这样的疑问,她立即打开手机查找资料,并尝试和现场工作人员交流。工作人员建议她给策展人写封反馈信,林思怡便迅速手写了一封。同时,林思怡也开始查阅更详细的资料,原来这件展品来自公元770年的日本,是日本最早的印刷品。

爱"较真"的林思怡认为,展板上的标题有歧义。很快她又写了一封正式的反馈信,打印好后再次送到图书馆。工作人员接过林思怡的信,告诉她一定递交到策展人手上,并会给她邮件回复。

由于学业繁忙,之后林思怡没再去苏格兰国家图书馆。她以为这封信大概石沉大海了,没想到一个多月后的11月8日,她收到图书馆回复,对方告诉她展板已经修改完成。修改后的展板标题翻译成中文是:雕版印刷术起源于中国,比欧洲早几百年,公元8世纪时传到日本。

对于这次经历,林思怡说:"我真的非常开心,也非常有成就感。""中国文化的世界形象,需要我们每位中国人来共同维护。我们可以让外国人更准确、更全面地了解中国,了解我们拥有数千年历史的伟大祖国。"

【品德小语】

仔细辨别,勇敢发声,为爱"较真"的中国年轻人点赞!这则真实的故事,从表面上看是林思怡的严谨求实的科学态度,从深层次看,更体现了林思怡的爱国主义情怀。

我们要学习林思怡的爱国主义精神,努力做到:一要刻苦学习科学文化知识,不断提升自己;二要了解我国的历史文化,对我国博大精深的历史文化产生共鸣感;三要坚持以国为傲,为生活在繁荣昌盛的祖国感到无比自豪;四要树立报国志向,愿意为自己的祖国添砖加瓦;五要尽力报效祖国,用自己的真才实学为祖国做出应有的贡献。

35 允许别人做别人

1932 年,林语堂创办了半月刊《论语》,主张以轻快的文字来评论各种社会现象。鲁迅却不认同,他觉得国人不长于"幽默",而那时的年景也不是可以幽默的时候。他不仅私底下劝说林语堂改变文风,还在公开场合发表意见,言辞十分犀利。

面对鲁迅的批评,林语堂却从未生气,也从未多说什么。因为他知道,国人既需要鲁迅的犀利文字来警醒,也需要自己的轻快言语来丰富。两人虽然文风不一、思想不同,但却没有家国大义上的分歧。

林语堂说:"吾始终敬重鲁迅;鲁迅顾我,我喜其相知,鲁迅弃我,我亦无悔。大凡以所见相左,而为离合之迹,绝无私人意气存焉。"甚至他还一如既往地向鲁迅约稿。鲁迅见状,也没再多言,而是在求同存异中与林语堂共创了一段文学佳话。

【品德小语】

在这个世界上,即使是再亲密的人,也会有想法不同的时候。真正的高手,即使不认可他人的观点,也会尊重对方发言的权利。毕竟,有了不同的思想,才能有群星闪耀;有了不同的风景,才能有世界大千。

这则故事告诉人们,如果做不到真正的感同身受,那就留出界限,彼此尊重。如此,不仅能让自己的身心轻盈,亦能建立起与他人长久的情谊,甚至还能在取长补短中得以精进。人这一辈子,要学会把自己还给自己,也要学会把别人还给别人,这样才能让每个人都成为最好的自己。

很多时候,与别人较劲,就是与自己较劲。懂你的人,无须解释;不懂你的人,解释了也没用。与其让自己在无休止的争论泥潭中深陷,不如让时间说话,用事实明理。毕竟,人世间本来就不是非黑即白的世界。允许他人的"三观"与生活方式和自己不同,将消除一大半的烦恼。真正高层次的人,在坚持自己的同时,也能尊重别人。

36　收藏家与小炕桌

一位收藏家外出路过一个村子,看到一张小炕桌。凭他多年的收藏经验,判断它是一个古董,且价值颇高。于是,他便开出高价,买下了这件东西。

回去后,收藏家请来几个专家朋友,对小炕桌进行鉴定。不料这件古董价值连城,远远超过了他所估的价格。那天晚上,收藏家一宿没合眼,感觉自己让那个中年农民吃了亏,想再补给他一笔钱。

第二天,他不顾路途遥远,驱车数小时,又回到了那个村子,将补的钱送到了中年农民的手里。这件事在古董圈流传开来,手里有古董的人,都愿意把好东西留给这位收藏家。

【品德小语】

利可共而不可独,独利则败。做人,不可独占利益。如果不与众人分享利益,就会失去人心。学会让利,才能得到长远的好处。

人心总是趋利避害的,有利益、好处的地方,往往大家都盯着不放。真正聪明的人,都懂得分享利益,善于谋求更大的发展。这样做看似吃了一点儿亏,但赢家最终还是我们自己。

37 国王的雨伞

从前,有一位国王兢兢业业操劳国事,把国家治理得井井有条,人民安居乐业,国王深受子民的爱戴和拥护。

随着年龄的增长,国王处理国家事务已感到力不从心了,他决定从三个王子中挑选一个继承人。国王出的题目是:每个王子自己动手做一把雨伞,如得到国王的认可,就会把王位传给他。

三个王子跃跃欲试。大王子别出心裁,在制作过程中选用上等的牛皮做伞布,用玛瑙做伞珠,伞骨涂抹了一层金粉。制作完成后,整个雨伞闪闪发光。心想:“我做的雨伞是最昂贵的,父王一定会把王位传给我。”二王子独具匠心,把伞布染成了亮丽的黄色,用翠竹做伞骨,伞打开之后,就像太阳下盛开的向日葵,绚丽又夺目。心想:“王位非我莫属。”

到了国王挑选接班人的日子,三个王子手拿雨伞在广场上等候。这时天空突然下起了大雨,大王子、二王子都撑开美丽的雨伞为父王遮雨。这时只见三王子慢慢打开了自己制作的雨伞,朴素的雨布不仅不鲜艳,而且特大号的雨伞显得那么笨重,看起来与两个哥哥的雨伞格格不入。

国王走到三王子身边问道:“两个哥哥做的雨伞都那么精致好看,而你做的雨伞为什么没有一点儿亮点呢?”三王子举起手中的雨伞一边为父王遮雨,一边坦然地说道:“孩儿做的雨伞比较大,做的时候只想到能让更多的人在伞下避雨,没想到把伞做得珍贵靓丽。”

老国王微笑着拉着三王子的手,大声说道:“三王子将成为朕的继承人。因为只有心存他人、处处为别人着想的人,才能成为人们拥戴的国王。”

【品德小语】

这则故事告诉人们，心存大爱、乐于帮助他人的人，才能成为一个受人欢迎的人。对于一个高尚的人来说，最博大的就是爱。大爱是无垠的，我们每一个人，包括老的、小的，平辈、晚辈，上司、下属等都有大爱。我们所说的对做的事负责任，就是爱的责任。

在现实生活中，大爱就是做人做事要"严"，处人处事要"宽"。即大事要"严"，小事要"宽"；对己要"严"，对人要"宽"。"严"是做人的脊梁，"宽"是做事的锦囊；"严"是以不变应万变，"宽"是以万变应不变；"严"的时候要有包容之心，要容得下"宽"；"宽"的时候不能无原则放纵，不能失去"严"。

38　爱因斯坦的旧大衣

著名科学家爱因斯坦初到纽约时，常常穿一件旧大衣。一位朋友劝他换件新的，他说："这又何必呢，在纽约，反正没有一个人认识我。"

过了几年，那位朋友又一次见到爱因斯坦，发现他依然穿着那件旧大衣，于是又劝说一番。爱因斯坦却说："这又何必呢，反正大家都认识我。"

【品德小语】

爱因斯坦作为一名世界级著名科学家，养成勤俭节约的习惯，实属难能可贵。尽管爱因斯坦以自己的学识，让"大家都认识了他"，但他呈现给众人的依然是勤劳、勤勉、勤奋、俭约、俭朴和俭省的品质。这才是真正的大家风范。

勤俭节约，顾名思义就是"工作要勤劳、生活要节俭"。艰苦奋斗,勤俭节约,反对铺张浪费,是中华民族的传统美德。"节约"是一种社会责任,也是一种个人涵养。其实在日常生活中,节约一度电、一滴水、一张纸,对我们来说都是举手之劳。然而事情看起来虽小,却能体现出一份挚诚的责任心和令人尊崇的内在品格。

39 卖花男孩

拥挤的马路上,车潮如涌。约翰驾车缓缓前行。在等红灯时,一个衣衫褴褛的小男孩跑过来,隔着车窗问他要不要买花。约翰拿出了两美金,刚好此刻绿灯亮了,后面的人猛按喇叭催促。约翰粗鲁地对问他要买什么颜色花的男孩说:"快!什么颜色都可以,你只要快一点儿就好!"

男孩十分礼貌地说:"好的,谢谢您!"并给了约翰一束玫瑰。

开了一小段路后,约翰感到很歉疚。于是,他把车停在路边,回头走到卖花男孩面前表示歉意,并且又给了他两美金,让男孩自己买一束花送给喜欢的人。男孩笑了笑,道谢接受。

当约翰回去发动车子时,发现车子出了故障,动弹不得。一阵忙乱之后,约翰决定步行一段,再找拖吊车帮忙。正在此时,一辆拖吊车迎面驶来。他大为惊讶,拖吊车司机笑着对约翰说,有个男孩给了我四美金,让我赶快过来帮您。

【品德小语】

在我们的生命里,尊重和善良体现了一个人的品质。当你在鲁莽之下对别人有所失敬后,如能及时表达歉意,适当弥补自己的过失,别人亦会感动于你的优良素质,在你需要的时刻,给予你力所能及的帮助。

付出真心给他人,如鲜花般温馨暖人。最终,善行会提升你的生命境界,让你得到加倍的回报与慰藉。

40 尊重的回报

舒尔茨是美国纽约的一个生意人。2013 年 5 月的一天,他从报纸上看到一则不起眼的广告——郊区有一幢非常古老的别墅以 30 万美元的价格出售。舒尔茨想,如果买下来修缮一下再转手卖出去,至少可以赚到 20 万美元。于是,他用 30 万美元买下了那幢别墅。

在收拾打扫别墅的时候,舒尔茨发现这幢别墅几乎算得上是一个"艺术仓库",里面到处都是绘画作品。经过几天的时间,他整理出 7 万余幅画作。然而他决定物归原主,就用一辆小货车把这些画送到了原房主那里。没想到原房主连连摇手,说:"我不要,我不要,这些简直是垃圾,随你怎么处理吧!"

原房主是从一个名叫亚瑟·皮那让的亲戚那里继承到这幢别墅的,皮那让是一个一生都在绘画却没有卖出过一幅作品的画家。他出生于 1914 年,为了绘画,他付出了毕生的精力,一辈子没有成家。1999 年,85 岁的皮那让带着遗憾郁郁而终。

在原房主眼里,这些画作如同垃圾一般。但舒尔茨却不这么认为,他觉得这些画作是一个人一辈子的心血,不应该随随便便地扔掉。尽管皮那让是一个毫无名气的画家,且他的画作也不受人欢迎,但是出于尊重,他还是主动地另外拿出 2500 美元,买下了这些画。原房主为这笔意外之财兴奋不已,表示随他处置。

舒尔茨虽然是个商人,但他出于对艺术的尊重,却认认真真、一丝不苟地分类整理这些画作。后来,他的一个朋友得知此事,让舒尔茨拿几幅画到拍卖行那里拍卖,说不定能卖出好价钱。舒尔茨听从了朋友的建议,拿了几幅画让拍卖行的人看。当时拍卖行的人都惊呆了,这些画的艺术成就高得惊人。评画师们一致认为,这是眼下这个时代最好的抽象派作品,他们甚至认为皮那让突破性地开创了新画艺。

此后的一个礼拜,拍卖行把这些画卖出了几千幅,舒尔茨收到了3000万美元的回报。如果都卖完,舒尔茨将得到更多的财富。

舒尔茨仅花了30万美元,却意外地获得一笔远远超过3000万美元的回报。对于他的奇遇,知情人都说这是舒尔茨的运气好,但拍卖行的人认为:"这与他的运气无关,所有的一切,只是因为他懂得尊重别人,懂得尊重别人的心血和劳动。如果不是这样,他也会把这些艺术珍品当作垃圾扔掉。"

【品德小语】

故事中的舒尔茨因为懂得尊重他人,懂得尊重他人的心血和劳动,所以得到了巨额的回报。

尊重是一种品质,是一种修养。尊重他人,是一个人的教养,也是一种美德。无论是在工作还是生活中,尊重他人是最基本的要求。只有学会尊重他人,才能赢得他人对自己的尊重。

尊重他人最基本的表现,就是对人要有礼貌,尊重他人的人格,尊重他人的劳动;同时要学会欣赏他人,接纳他人,不做有损他人的事情。

41　沃尔沃停车位的秘密

　　坐落在瑞典哥德堡的沃尔沃集团总部，占地几十公顷，里面除了正常的办公场所外，还设有运动场所、娱乐场所，随处都是树木、花草，鸟语花香，十分雅观。最令人称奇的是，里面有一个可停放2000辆车的大型停车场。停车位沿着大门左右侧一字排开。从理论上说，这么大的停车场，堵车的情况应该经常发生。但是在这里，这种情况一次也没有发生过。

　　一位住在附近的汽车爱好者为了一探究竟，决定观察一下沃尔沃的员工到底是怎么停车的。他住在10楼，特意在书房的窗口放了一台摄像机。经过一周的持续观察，他发现：虽然是早上8点上班，但是从清晨7点开始，就陆续有员工到公司上班，早到的员工都会很自觉地将车停到远离办公楼的地方。最远的泊位离办公楼的距离超过1公里，即使小跑过去，也要10多分钟。于是上班之前的这段时间，进入总部的小车都是很有序地由远到近停泊。先来的员工自觉将车停到远的泊位，后面进来的员工将车停到近的泊位。天天如此，周而复始。而下班的高峰期，员工的车总是从近的泊位开始陆续驶离总部。

　　难道是公司有明文规定员工要这么停车吗？为了进一步得到证实，他以一个记者的身份进入了沃尔沃总部对员工进行调查。他随机采访了20位不同岗位的员工，问："你们的泊位是固定的吗？"得到的答案惊人的一致："我们到得比较早，有时间多走点儿路。晚到的同事或许会迟到，需要把车停在离办公楼近的地方。"而且在调查中发现，沃尔沃的领导没有专属的泊位，泊位也不固定。

　　谜底揭开，这不是公司的规定，只是每个人都为其他同事着想。

【品德小语】

这则故事告诉人们,多为别人着想,你的路才可能走得更顺、更远。常言道:与人方便,与己方便。赠人玫瑰,手有余香。多为别人着想,不仅反映了一个人的思想素质和工作能力,更反映了一个人的道德情操。

多些"为他人着想",就是要学会换位思考,遇事多理解、多包容,做到以责人之心责己、以恕己之心恕人;就是要多些奉献精神,常为他人分忧,用自己的真心换取他人的真情。

42 格兰特总统的陵园

1797 年的一天,在纽约哈德逊河畔,一个年仅 5 岁的孩子不幸坠崖身亡。孩子的父母悲痛欲绝,便在落崖处给孩子修建了一座坟墓。后因家道衰落,这位父亲不得不转让这片土地。他对新主人提出了一个特殊要求:把孩子坟墓作为土地的一部分永远保留。

新主人同意了这个条件,并把它写进了契约。一百年过后,这片土地的主人辗转换了许多家,但孩子的坟墓仍然保留在那里。1897 年,这块土地被选为美国总统格兰特的陵园,而孩子的坟墓依然被完整地保留了下来,成了格兰特陵墓的邻居。

又一个一百年过去了。1997 年 7 月,格兰特陵墓建成一百周年时,当时的纽约市长来到这里,在缅怀格兰特的同时,重新整修了孩子的坟墓,并亲自撰写了孩子墓地的故事,让它世世代代流传下去。

【品德小语】

那份延续了二百年的契约揭示了一个简单的道理：承诺了，就一定要做到，这就是契约精神。

契约精神是指存在于商品经济社会并由此派生的契约关系与内在原则，是一种自由、平等、守信的精神。它要求社会中的每个成员都要信守约定，受自己诺言的约束。这既是古老的道德原则，也是现代法治精神的基本要求。

读故事　修身心

　　修身,是指修养身心,即陶冶身心,涵养德性,修持身性。古人云:"修身、齐家、治国、平天下。"古人之所以把"修身"放在做人的第一位,其原因主要在于:一个人首先要不断地改掉"恶习"和"非分之想",提升"正能量",让自己成为一个对社会有用的人。

　　具体地说,修身可以分为两大类:内部养性和外部修炼。内部养性包括身体修养、知识充实、精神修养。身体修养能强身健体;知识充实意味着要不断学习,包括向书本学习、向社会学习、向他人学习、向生活学习、向大自然学习等;精神修养就是提升境界、格局、眼界、毅力、决心等。一个人既要注重"内部养性",还要注意"外部修炼",外部修炼即生活修养、社会磨炼和自然打磨。生活修养主要是指能吃苦耐劳,能经受住社会的冷暖变化;社会磨炼主要是指人自身同社会法规政策、人情世故的磨合;自然打磨主要是指经历意想不到的自然灾害,或经历主观意识无法控制的人生大起大落时的应对能力。

　　一个人能否经受得住自然、社会、生活的外在打击和磨难,主要取决于自身的修养程度。一个人越是修身养性成功,就越能承受外界的磨难;同时如果一个人能经受住外在的磨难,不断提升内在的修养,他的人生也会取得更大成功。

43 固执的苻坚

公元383年,前秦皇帝苻坚向大臣们宣布,决定进攻东晋。大臣们对此反应不一,其中有人表示反对:"不可,晋国占据长江天险,对我们非常不利。"苻坚听后,不以为然道:"长江有什么了不起,我有百万大军,每个士兵把马鞭抛到江中,就足以堵断江水。"

尽管有许多大臣站出来反对,苻坚一概不听,坚持出兵。他亲自率领百万大军进攻晋国,结果在淝水之战遭到惨败,狼狈逃回长安。经此一战,前秦国力大伤,逐渐向衰落,并最终被后秦所灭。

【修身小语】

一个人犯了错误并不可怕,可怕的是听不进去别人的意见。太过自负的人,往往会在一意孤行中毁了自己。人活一世,懂得放下固执,择善言而听之,才能走得更高、更远。

一个人坚持原则也是一种有益的个性,如果你认为自己是对的,那别人说什么都不要放弃原则。问题在于你什么时候才会发现自己是不对的?毕竟我们每个人都有犯错误的时候。因此,遇到问题要多反思,多征求别人的意见,多采纳大多数人认为的正确意见。

44 苏轼的心胸

苏轼有一位朋友,名叫韩宗儒,苏轼经常与他有书信往来。此人官职很小,收入微薄,却很喜欢吃羊肉。每当俸禄发下来,韩宗儒总是迫不及待买几斤羊肉吃,可是饱腹之后,又面临缺钱的窘境。

恰好当时的名将姚麟，爱好收藏苏轼的手迹。韩宗儒得知此事，便将苏轼回给他的书信，卖给姚麟，随后换取羊肉吃。

苏轼的朋友们听说了这件事，都义愤填膺，觉得韩宗儒的行为实在可耻。可苏轼却体谅韩宗儒的难处。他知道其生活贫苦，所以对此事格外宽容。

待到韩宗儒书信再来时，苏轼也只是幽默婉拒："今日寒食节，你是吃不到羊肉了。"

【修身小语】

有人说，一个人真正的成熟，不是看清多少事，而是看轻多少事。心怀慈善的人，从来不把朋友间的过错放在心上。一个人如果心胸狭窄，凡事斤斤计较，只会让人敬而远之。

古人云：大智者必谦和，大善者必宽容。真正有高度的人，不会和朋友争一时之长短，而是懂得兼容并蓄。宽容别人，是一种气度；体谅别人，是一种胸襟；容人之过，是一种智慧。

45 眼神见心地

历史上，李鸿章曾带三个人面见曾国藩，想让曾国藩为他们安排差事。李鸿章尚未开口介绍，曾国藩便说："左边的人忠厚老实，可管理库房；中间的人阴险狡猾，做小事即可；右边的人，则可以委以重任。"

李鸿章不明缘由，便开口惊叹道："您是如何看出他们可以胜任什么职务呢？"曾国藩缓缓地说："他们进门时，左边那人目光沉稳，行事谨慎，适合后勤工作；中间那人表面客气，眼神乱转,是口蜜腹剑之人,不可重用;右边那人气宇轩昂,目光清正,日后可成大器,一定要好生培养。"

果不其然,右边那位被曾国藩褒扬的人,多年后,成为威名远扬的台湾巡抚刘铭传。

【修身小语】

俗话说:"眼睛是心灵的窗户。"一个人的言行可以掩饰,但眼神却最难骗人。透过眼睛,我们可以看到他的过往,知晓他的心地善恶。眼神清正的人,往往做人坦荡,做事清白,事无不可对人言。眼神和蔼的人,通常善良随和,宽容大方,相处让人如沐春风。反之,如果眼神深沉或狡猾,尽管表面装得再老实,但内在忠奸也值得深究。

曾国藩就深谙识人用人之术,他在《冰鉴》中说:"邪正看鼻眼。"即内心是好是坏、是善是恶,都可以在对方的眼神之中一览无遗。心性善良的人,眼神不会浑浊;存心不良的人,眼神不会清澈。因此,看人先看眼,眼神让人舒服的人,往往也是信赖的人,这样的人值得我们深交。

46 相由心生

相传有一位雕刻家,手艺极好,独爱雕刻妖魔鬼怪。有一天,他照镜子,发现自己的面部居然变得凶神恶煞,吓得他跑到医院找大夫"看病"。大夫对他说:"要想改变面相很简单,你回去先雕刻 100 尊观音塑像。"

雕刻家不解,但仍然照着做了。他在雕刻观音像时,模仿观音的音容笑貌,一边雕刻,一边研究。终于在半年后雕刻好了 100 尊观音塑像,他兴奋地去找大夫。这时大夫递过来一面镜子,说道:"你的病已经完全治好了。"

　　雕刻家看到镜子里的自己面容慈祥和蔼,顿时大悟。正所谓:"相由心生,境随心转。"

【修身小语】

　　相由心生,即人的外貌由心而生。人的心境是什么样,相貌或表现就是什么样。心若善良,自生和气;心若和气,自有善容。

　　和气的人遇到任何事,都能春风化雨,脸上更是端庄和善。这既舒服了别人,也温暖了自己。要做一个和气之人,就要做到"五不为":不为小事斤斤计较,不为工作闷闷不乐,不为生活伤心烦躁,不为个人极度悲观,不为环境随之改变。

47 烦恼人

　　一个人被烦恼缠身,于是四处寻找解脱烦恼的秘诀。

　　有一天,他来到一个山脚下,看见在一片绿草丛中,有一位牧童骑在牛背上,吹着悠扬的横笛,逍遥自在。他走上前去问道:"你看起来很快活,能教给我解脱烦恼的方法吗?"牧童说:"骑在牛背上,笛子一吹,什么烦恼也没有了。"他试了试,却无济于事。于是,他又开始继续寻找。

　　不久,他来到一个山洞里,看见有一个老人独坐在洞中,面带甜蜜的微笑。他深深鞠了一个躬,向老人说明来意。老人问道:"这么说你是来寻求解脱的?"他说:"是的,恳请您不吝赐教。"老人笑着问:"有谁捆住你了吗?""……没有。""既然没有人捆住你,何谈解脱呢?"

　　他蓦然醒悟。

【修身小语】

由于我们的心态没有调整好，烦恼也就一个跟着一个而来。实际上，大多数烦恼都是无中生有。其实，把心态调整好，问题就会变得很简单，烦恼也就不驱而散。

生活中有许多不值得我们偏执计较的"小"事情。只要我们学会看开、看淡、看远、看透、看准，以一种积极进取又谦逊平和的心态，轻松面对生活中一些不顺心的事，不怨天尤人，不自暴自弃，尽己所能，顺其自然，那么，你就会摆脱烦恼，找到原本属于你的快乐。

48 不要让自己的灵魂布满荆棘

学者鲍鹏山看到朋友发表的一个关于单亲家庭孩子通常都有暴力倾向的观点时，他觉得这个说法过于绝对，就立马给朋友拨了电话，指出："孔子、孟子也是单亲家庭，却都是温和有礼的人，你这样说，单亲家庭的孩子会很难自处。"

没想到，朋友一听，就立马开启了反驳鲍鹏山。被点着火的鲍鹏山，又开始从心理学谈到社会学，试图说服朋友。只是，对方却依然坚持自己的观点。

在接下来的几天里，鲍鹏山没有再纠结这次讨论的结果，而是专注于自己的工作和生活。他相信，随着时间的推移，朋友可能会更加深入思考这个问题，并形成更加全面和客观的看法。

【修身小语】

一个人如果把所有的心力全用来对抗他人或计较小事，那他就没有精力去在乎其他更重要的事情。所以，面对不同的认知或不同的观点,如果你不能在短时间内说服对方,就请默默远离。因为,当你与别人对抗时,也是在与自己的内心对抗。一味地争辩下去,不仅浪费了口舌,而且消耗了精力。与其被别人的几句话拖入情绪的泥潭,还不如把宝贵的时间留给自己,去实现自身更大的价值。

人这一辈子,饶恕别人,就是饶恕自己,放下过往,才能迎接未来。不与认知不同的人争高下,不与观点不同的人论短长,这不仅是对彼此的成全,也是对自己的一种有效保护。

49　一面镜子

　　一个年轻人正值人生巅峰却查出患了白血病,绝望一下子笼罩了他的心,他觉得生活已经没有任何意义了,且拒绝接受任何治疗。

　　一个深秋的午后,他从医院里逃出来,漫无目的地在街上游荡。忽然,一阵略带嘶哑又异常豪迈的乐曲声吸引了他。不远处,一位双目失明的老人正拨弄着一件磨得发亮的乐器,向着寥落的人流动情地弹奏着。更引人注目的是,盲人的怀中还挂着一面镜子。

　　年轻人好奇地上前,趁盲人一曲弹奏完毕时问道:"对不起,打扰了,请问这镜子是您的吗?"

　　"是的,乐器和镜子是我的两件宝贝。音乐是世界上最美好的东西,我常常靠这个自娱自乐,可以感受到生活是多么的美好……"

　　"可这面镜子对您有什么意义呢?"他迫不及待地问。

　　盲人微微一笑,说:"我希望有一天出现奇迹,并且也相信有朝一日我能用这面镜子看见自己的面容。"

年轻人的心一下子被震撼了：一个盲人尚且如此热爱生活，而我……他突然彻悟了，又坦然地回到医院接受治疗，尽管每次化疗他都会感受到极大的痛楚，但从那以后他再也没有产生"逃跑"的念头。

他坚强地忍受着痛苦的治疗，终于出现了奇迹，他完全恢复了健康。从此，他也拥有了人生弥足珍贵的两件宝贝：积极乐观的心态和屹立不倒的信念。

【修身小语】

这则故事告诉人们，想把握好自己的人生和命运的人，一定要有执着、乐观和坚强的品质。因为执着、乐观和坚强是掌管人生航向的舵手，也是把握人生命运之船的动力桨。

人的一生需要经历和追求的东西太多，而在这个漫长的历程中，我们难免会遇到一些挫折与困难。当身陷困境时，请做一个执着、乐观、坚强的人，即执着于自己的目标，乐观地面对现实，坚强不屈地去拼搏奋斗。如此，你才会是人生的胜利者。

50 心有静气

建筑大师贝聿铭，曾负责卢浮宫扩建工程中的玻璃金字塔入口设计，因为设计风格新颖独特，引起了很多人的不满。当时的报纸上，几乎登满了对他的诽谤、谩骂和攻击。

还有一个设计师，当着众人的面对他的设计稿冷嘲热讽："你这是什么破玩意，看起来像块廉价的石头！"甚至贝聿铭在街上好好地走着，都会有人故意对他啐痰。

面对这些如潮的责难,贝聿铭却不反驳、不解释、不诉苦。自始至终他没有因为外界那些铺天盖地的恶评,影响过自己的心情。他说:"旁人接受我与否永远不是最主要的,最主要的是得先接受自己。"

【修身小语】

故事中的贝聿铭正因为内心充满静气,所以面对众多责难,一不反驳,二不解释,三不诉苦。静气就像一味良药,使我们的内心生出强大的免疫力,不因赞扬而眉飞色舞,也不因诋毁而方寸大乱。

心有静气的人,往往自带一种安定从容的能量。水静下来才会清澈,才能映照出外面的世界。人心也是如此,只有心静了,一切困惑与迷茫都会豁然开朗,我们才会收获满满的幸福。

要做到心有静气,第一,要把生活的节奏慢下来,只有当我们慢下来、静下来,才能感受生命之美。第二,要让心平和下来,做到波澜不惊。第三,要让内心宁静下来,克制自己的欲望,顺应自然,知足知止。

51 心态决定命运

三个工人在建筑工地上砌墙。有人问他们在做什么。第一个工人悻悻地说:"没看到吗?我在砌墙。"第二个工人认真地回答:"我在建大楼。"第三个工人快乐地回应:"我在建一座美丽的城市。"

十年以后,第一个工人还是砌墙工,第二个工人成了建筑工地的管理者,第三个工人则成了这个城市的领导者。

【修身小语】

如果都像故事中第一个工人一样，愁苦地面对自己的工作，那么再好的工作也不会有什么成效。而同样平凡的工作，看似简单重复、枯燥乏味，有人却能以快乐的心境面对，在平凡中感知不平凡，在简单中构筑自己的梦想，这种人又有什么样的困难不能克服呢？

思想有多远，我们的人生就能走多远。在同一条起跑线上，态度决定一切。用美好的心情感触生活，你手头的小工作其实正是大事业的开始。能否意识到这一点，也意味着你能否干成一项大事业。

52 马三立的忍得

艺术家马三立被称为相声界泰斗，他的相声生涯，却充满了坎坷和屈辱。年轻时，他除了在天津一地说相声外，还要外出流浪卖艺。县城、集市，茶馆、路旁，都是他的演出场地。一路上，他被日伪军扇过耳光，被戏园子老板骗过钱，被地痞流氓讹诈过……但马三立从不反抗，只是默默承受。因为他知道，说相声既为生存，也是为了给观众带来欢乐。

就这样，他艰难地钻研自己的演艺事业，直到有了些许名气。可即便如此，他仍没逃过恶人的欺辱，甚至被迫签了五年的卖身契。五年里，他备受打压：不准说相声，不准独自在外演出，只能在京剧里扮演女人角色。但他依然一声不吭，直到剧团解散，才获得自由。

而当他重拾相声，再次出现在大众视野中时，之前积累的名气开始爆炸式增长。到了1947年，他更是登上了当时最有名的天津大观园剧场，成为名副其实的相声大家。

【修身小语】

苏轼在《贾谊论》中写道："君子之所取者远,必有所待;所就者大,必有所忍。"人世间没有谁的生活是一帆风顺的,总有些屈辱、刁难会自动找上门。

流水不争先,争的是滔滔不绝。真正有本事的人,都有隐忍不发的智慧。忍一时之气,是避免纷争,更是把精力放在更重要的事业上。当你忍住了当下事,自然也等得到抬头日。

53 游本昌的耐得

1985年,电视剧《济公》一经播出,瞬间火爆荧屏,并在此后很长一段时间里成了经典电视剧。而演员游本昌也因此走红,迎来了自己的高光时刻。但很多人不知道的是,在此之前,他已经蛰伏了二十年。

大学毕业后,游本昌好不容易进入国家话剧院工作,本以为能在话剧表演领域大展宏图,竟不想此后十年勤勤恳恳,依旧只是个配角。后来他又经历了最艰难的十年,他失去了上台表演的机会。

重回舞台后,他仍是个跑龙套的,也萌生过退意。但回顾自己的演艺之路,他幡然醒悟:舞台没有小角色,个个都是活生生的人。因此,再不起眼的小人物,他也会用心钻研。了解了人物背景,他就去寻找生活中的原型。一边观察他们的动作细节,一边对着镜子一遍遍地模仿练习。甚至很多时候,他为抓住角色的一点点神韵,每天只睡四个小时。正因如此,他能在机会来临时一把抓住,将济公一角演得淋漓尽致。

【修身小语】

很多人夸游本昌演技好,说他大器晚成。其实在这背后,又何尝不是日日夜夜的苦熬。没有历尽半生磨砺,又怎能看到花开结果。

人世间从来没有随随便便的成功。滴水穿石非一日之功,绳锯木断非一时之力。那些表面的风光无限,都要于寂寞中蓄力,在孤独中蛰伏。挨过了一个个难熬的寒夜,才有来日的出类拔萃。

54 张德芬靠磁场转身

作家张德芬经历过一段至暗时光。人到中年,她辞去企业高管的工作,回归家庭,照顾孩子。可育儿的压力、自我价值的缺失,让她陷入了负面情绪的漩涡。她时常抱怨,频频为琐事发脾气,事后又感到自责。在这种恶性循环中,她的生活变得越来越糟糕:患抑郁症,投资失败,亲子关系紧张,丈夫提出离婚……

最绝望的时候,她只能试着从瑜伽、书籍中找寻平静。书中的一个理念,令她茅塞顿开:当我们心里有个深切、真诚的愿望,整个宇宙都会联合起来帮助你。原来,一个人相信什么,就会过上什么样的生活。

她不再整日愁眉苦脸,而是积极研究起了心灵成长领域的学问。她还大方地分享了自己的感悟,意外成了畅销书作家。如今的她,并未刻意维护和孩子的关系,孩子却比以前更爱戴她;没有煞费苦心提高知名度,照样场场演讲爆满,收获粉丝无数。正如她自己所说的:"亲爱的,外面没有别人,所有的外在事物都是你内在投射出来的结果。"

【修身小语】

这则故事告诉人们,无论是厄运还是欢喜,皆由你自己的心念召唤而来。一个人相信什么,就会过上什么样的生活。所有的外在事物都是你内心投射出来的结果。常怀正念,创造一个良性的磁场,周遭的事物自会变得有序而美好。人生心存正念,常行善举,才是最光明的正道。

一个人心存正念,就会堂堂正正做人,内心坚定,扛得住干扰,经得起诱惑,耐得住寂寞,受得起打击。如人们所言:天道好还,只要你的内心洒满阳光,终可以驱散阴霾,既照亮自己,也照亮整个世界。

55 张兆和的高能量人生

沈从文与妻子张兆和,能量一低一高,生活状态截然不同。沈从文多愁善感,思虑深重,特别容易情绪失控。但凡听到外界的风吹草动,他便一天到晚胡思乱想,干什么都提不起兴趣。一旦遇到创作上的瓶颈,他就寝食难安。

张兆和却精神抖擞,把日子过得井井有条。即使被下放到农村挑粪种菜,她也面带笑容,衣着干净,仿佛是去参加郊游似的。为了让沈从文振作起来,张兆和劝他按时吃饭,定期理发。她还常带他与朋友交流,陪他一起欣赏音乐,用温暖的话语鼓励他、支持他。

渐渐地,沈从文养成了良好的起居习惯,减少了对繁杂世事的关注。生活有规律,让他养足了精神;身心放松,他越发有了活力。他的能量层次也随之提升,不再患得患失、消极颓废,从而从容度过了一段段艰难时光。

【修身小语】

作家冯唐说过：人的能量，比情商、智商更重要。高能量的人，如同一座大山，风驰雨骤也岿然不动；低能量的人，却像一盘沙粒，轻轻一吹便溃不成军。

法兰克福大学的研究成果表明：每个人，都是带着一定的能量储备来到这个世界的。能量的高低，决定了你的精力和情绪，进而影响到你的命运好坏。这则故事告诉人们，不悲观，少内耗，用积极心态对待挫折，以平和心情拥抱生活。源源不断的能量，便会汇聚在你的身上，不断滋养你的生命。

56 重启人生

娇娇如今28岁，身材苗条、事业有成，还有个非常爱她的丈夫。身边的同事都对她羡慕不已，认为她是人生赢家。然而，在一年前，她还是个失业又失恋的女青年，身高1.65米，体重却有150斤。就连父母有时也对她有各种"吐槽"，娇娇也因此差点儿抑郁。

幸好，在闺蜜的鼓励下，娇娇决定改变自己。她给自己制订了六个月的蜕变计划，先是瘦身50斤，再是学一门新技能，然后就是处个新对象。每一天娇娇都有条不紊地进行着她的计划，半年后她的目标全部达成。于是，她开始寻找新的工作。在一次面试时，因能力强再加上形象佳，让她在众多面试者中脱颖而出，娇娇重新找到了她心仪的岗位，并在新的岗位上发光发热。

【修身小语】

我们的身边不乏像娇娇这样的人，在遇到了挫折后选择重启人生。重新启动人生是一个积极而有挑战性的过程，只要掌握了方法，每个人都能取得成功。

那么，怎样才能重启人生呢？一要进行自我反思，思考你对生活的期望和目标是否实现；二要设定新的目标，这些目标可以是个人、职业、健康、财务或其他方面；三要制订详细的行动计划，将目标分解为小步骤，逐步践行；四要积极寻找学习和成长的机会，不断扩展自己的知识和技能；五要树立自信与乐观的心态，摒弃负面思维模式；六要培养健康的生活方式；七要寻求亲朋好友的支持和鼓励；八要勇敢行动，不要害怕遇到困难或失败，并不间断地努力奋斗。

57 修炼心情

《人民日报》记者凌志军，用自己的经历告诉我们，好心情的力量甚至可以改变一个人的命运。

凌志军44岁那年，被诊断为肺癌晚期，医生曾断言"活不过三个月"。面对生活的重击，凌志军决定按自己的意愿去过好最后三个月。他搬到了郊外的农家小院，每天做自己喜欢的事情。他去树林里尽情地呼吸，在湖边自由地漫步，感受阳光的温暖。他还爱上了听相声，经常和儿子一起开怀大笑，享受家庭的温馨和快乐。

一段时间后，奇迹发生了，他的身体慢慢有了好转。经过多年治疗后竟然痊愈了。凌志军分享的抗癌心得中，其中一条就是修炼好自己的心情。保持一个良好的心境，改变了他的人生。

【修身小语】

　　作家苏芩曾说过："人生其实很简单，不给自己添乱，生活就一点儿都不乱。不论什么境遇，心情都不能乱套。"你的心情指引着你的行动。心境平和，更能坦然面对突发的困境，从而做出明智的选择。

　　你的心境，就是你的处境。当你心情愉悦舒畅，处境便会豁然开朗。正如塞缪尔所说："世界如一面镜子，皱眉视之，它也皱眉看你；笑着对它，它也笑着看你。"当你眼里充满了笑意，别人自然会回馈你微笑。当你温柔对待生活，你自然也会感受到生活的快乐。

58 老先生与服务生

　　老先生常到一家商店去买报纸，那里的服务生总是一脸傲慢无礼的样子，甚至连基本的礼貌都没有。朋友对老先生说："您为何不到其他地方去买报纸？"

　　老先生笑着回答："为了与他赌气，我必须绕一大圈，既浪费时间，又徒增麻烦。再说没有礼貌是他的问题，为什么我要因为他的问题而改变自己的心情呢？"

【修身小语】

　　故事中的老先生并没有因为服务生的态度不好而影响到自己的心情，也没有因为服务生的问题而改变购物的商店。在生活中，当你遇到别人服务态度不好的时候，你是否还会做回头客呢？可以肯定地说，不少人会这么想："我再也不到这家商店去买东西了。"老先生的态度为我们多了一种选择，值得我们认真思考。

人的心情是个奇怪的现象,有的人容易受外界的影响而使自己心情变差,到头来受苦的还是自己。其实,愉悦的心情是自己心生的,如果能做到不受外界影响,这是一个人最大的修养。

59 学会"课题分离"

90岁高龄的心理医生中村恒子写了一本畅销书——《人间值得》。在书中,她坎坷的生活经历和坚韧的人生态度,激励着无数在困境中奋斗的人。

中村恒子从小家庭贫困,好不容易完成了学业,毕业后找工作还特别困难。后来,她工作稳定,并嫁给了一位医生,没想到丈夫却是一个嗜酒如命的酒鬼。他经常把全部的工资都拿去请客,最后喝得烂醉如泥。他从不关心家里的大小事务,也从来不给中村恒子生活费。中村恒子不但要挣钱支撑家里的开销,还要负责家务杂活和孩子的教育。

她也曾吵过、闹过,也曾陷入自我内耗的泥淖,但最后却发现,这样不但丝毫没有改变现状,反而让自己过得更加痛苦。作为心理咨询师的她,开始有意识地修正自己的思维方式。在仔细梳理自己的现状后,她得出了两点清晰的认知:第一,丈夫这个酒鬼从不顾及身体健康,他自己就要去承担相应的后果。第二,孩子需要妈妈的照顾陪伴,所以自己当下最重要的人生课题,是保证自己的身心健康。

当中村恒子不再苦苦执着于丈夫的恶习和自己对丈夫的态度,而开始专注于自己职业的精进和身心的安宁时,她的心中豁然开朗。

【修身小语】

心理学上有个著名的"课题分离"概念,说的是一件事情的后果由谁承担,这件事就是谁的课题,别人可以表达看法,但无权干涉。

中村恒子正是运用了"课题分离"这个心理学知识,才顺利走出迷茫,变得自信强大。而反观周围的一些人之所以把日子过得一团糟,其实就是因为混淆了自己和他人的人生界限。在人与人的关系里,懂得划清人际边界,就能过得更加清醒通透。在现实生活中,学会运用"课题分离",就会避免更多的自我消耗。

 60 詹姆的担心

在第二次世界大战期间,有位名叫詹姆的先生,每天都在为一些事情烦恼。他想到军中服役的儿子,担心他是否能平安归来;想到旧房子将要拆迁,又担心拆迁补偿款能否购买新房子;想到刚刚创办的商业学校,又担心招不到新学员……

妻子看他焦虑得吃不下饭,就让他把这些烦恼写到一张纸上,然后封存到箱子中。一年后,詹姆偶然看到了这张纸条,他惊讶地发现:那些之前担忧的事,居然一件都没有发生。

【修身小语】

生活中,有的人整日担惊受怕,总觉得下一秒危机就要来临。这些人被灾难化的想法控制了思想,葬送了他们本应该快乐的生活。

《积极心理学》中认为:"人类所担心的事情,其实将来90%都没有变成现实。"毕竟人生充满了变数,谁都不知道未来的列车会开往何方。如果一味为将来的事情担忧,只会让此刻的自己陷入痛苦之中不能自拔。与其为不确定的明天胡思乱想,不如脚踏实地做好今天的事。"车到山前必有路,船到桥头自然直。"逢山开路,遇水架桥。心里没有了顾虑,你的心情就会由阴转晴。

61 伊丽莎白的悲伤

英国有个叫伊丽莎白的人,她的独生子在战争中牺牲了。她不愿意接受这一现实,终日以泪洗面,在悲伤中无法自拔。她的内心被怨恨填满,怠慢了工作,也任由朋友与她渐行渐远。

过了一段时间,她打算离职,找个没人的地方,想了却自己的余生。但在收拾办公桌时,她意外发现了儿子写给她的信。信上说:"妈妈,无论我在哪里,无论我们相隔多远,我都会记得你教我要做一个男子汉,不管发生什么事情,都要勇敢接受。"

那一刻,她的内心照进了一束光亮,她仿佛听见儿子对她说:"把悲伤藏在笑容背后,勇敢走下去!"于是,她尝试着收起痛苦和愤恨,把全部精力都投入工作和生活中。

一有空闲,她还给儿子的战友写信,参加成人教育课程,出门和朋友一起逛街……慢慢地,她不再在无法改变的事实面前浪费心神,每天都以愉快的心情迎接生活。她接受了命运的安排,最终也走出了阴霾。

【修身小语】

荷兰的一座教堂遗址上,篆刻着这样一条铭文:"事成定局,没有其他可能。"人生就是这样,总会出现让你不如意的事情。生老病死,聚散别离,你再不甘心,也绝无更改的余地。你若选择抗拒,只会毁了原本美满的生活,让自己陷入崩溃。而坦然接受事实,让自己从绝望中走出来,你才能迎接未来的美好。

人生在世,无常本就是平常,有些事更非人力所能改变。即便我们费尽心思,饱受煎熬,现实也依然摆在那里。真正通透的人,会允许一切发生。放下对无常的恐惧,你才能解脱自己,从而活得坦然和开心。

62 抱怨不如改变

1814年,他出生在德国法兰克福的一个富豪家庭,在那里他度过了自己无忧无虑的少年时代。让人意想不到的是,1833年,他的家族因受政治迫害逃到了瑞士。家道中落,让他尝到了从未有过的艰辛,他的脾气也因此变得十分暴躁。

有一天,他路过一块农田,这里刚刚经过一次洪水的侵袭,长势良好的庄稼被无情地毁坏,一片狼藉,惨不忍睹。这不由得让他联想到自己命运的变迁,这时,远处一个正在劳作的农民闯入了他的视线。庄稼已经成这样了,他还在忙什么?他好奇地想。走近后,他发现那个农民正在补种庄稼,他干得非常卖力,脸上看不到一点儿沮丧的神情。"庄稼被毁掉了,你难道一点儿也不生气吗?"他问。"抱怨是没有一点儿意义的,那样只会使事情变得更糟糕。这都是大自然的安排,您看洪水虽毁坏了我的庄稼,但是却带来了丰富的养料,我敢保证今年一定是个丰收年。"说完,农民哈哈大笑起来。

农民的话给了他极大的启发。是啊,抱怨不能改变任何事实,只能使事情变得更糟糕。他对农民深深地鞠了一躬,觉得心中的郁闷与不快都烟消云散了。

后来，他成了一名药剂师助手，他特别喜欢科学研究。那时，婴儿因没有合适的奶制品，死亡率很高，他开始研究可以减少婴儿死亡的奶制品。在研制的过程中。他经历过很多次失败，每次失败时他都会想到那位农民的话，不生气，不抱怨，以更加积极的心态投入研究中去。1867年，他成立了自己的食品公司，用他研制的一种将牛奶与麦粉科学地混制而成的婴儿奶麦粉，成功地挽救了一位因母乳不足而营养不良婴儿的生命。从此，他开创了公司辉煌的百年历程。

那个年轻人就是亨利·内斯特莱，他所创立的公司叫雀巢公司。

【修身小语】

俗话说："人生不如意事十之八九。"有的人在不如意时只会一味怨天尤人，于是他们终日郁郁寡欢、牢骚满腹；而有的人在不如意时不烦躁、不抱怨，平静对待，努力改变，于是他们的心里时常装着希望。

一味抱怨的人常常只能在原地徘徊，自以为是地咒骂眼前的"阴暗"，却不知道"阴暗"正是他自己的影子。而努力改变命运的人，总能用智慧发现机会、把握机会，使原本无奈的人生过得精彩而美好。

63 凡事少抱怨

美国销售大师约翰尼，刚入行时经历过很多挫折。当时他整天不是抱怨领导迂腐、公司制度不够灵活，就是对同事的协作能力和客户的挑剔感到不满。结果他屡屡被辞退，五年间换了17家公司，事业做得一团糟。

直到后来，一位前辈提醒他说："你应该专注自己，而不是整天挑别人的刺。"约翰尼这才恍然大悟。他认真内省，发现并非环境不公，而是自己太好高骛远，由于自己做事不靠谱，这才失去了公司的信任。

于是，约翰尼不再满腹牢骚，而是踏踏实实埋头实干。两年以后，他在新公司成功登顶全美个人销售第一名，并被提拔为部门经理。

【修身小语】

抱怨表面上是简单倾诉，本质上却是一场自我麻痹。它让我们将不幸归因于别人，而从不反省自己，结果让自己越过越差。唯有戒掉抱怨，懂得向内归因，才能用行动改变现状。

三毛说："偶尔抱怨一次人生，也无不可，但习惯性地抱怨而不谋求改变，便是不聪明的人了。"人活于世，没有谁的生活会一直如意顺遂。任由自己一直沉浸在抱怨中，又怎么有更多精力去抓住机遇、提升自己呢？

怨天尤人，不如坦然面对；抱怨黑暗，不如提灯前行。少点儿嘴上的抱怨，多些实际行动，你才能用现在的努力去换取未来的丰厚回报。

64 乔布斯的合伙人罗恩

苹果公司的缔造者乔布斯曾有一个名叫罗恩的合伙人，他不仅能力出众，而且经验丰富。但罗恩有个很让乔布斯头疼的问题，就是对任何事情都极度悲观。

苹果公司创立初期，经常遇到资金周转问题。乔布斯东奔西走，想尽办法拉投资。罗恩却整天唉声叹气："公司这个样子，还能撑过半年吗？"乔布斯每次被投资人拒之门外，回到公司看到罗恩那张阴郁的脸，他就瞬间没了干劲。

后来得知公司背上了债务，罗恩惊恐万分，要求赎回自己的股份。乔布斯二话不说，咬牙凑了2300美元，收购罗恩手上的所有股份，然后让对方赶紧走人。

很多人劝说乔布斯，合伙人退出会让公司的境况雪上加霜。但没想到，罗恩离开以后，公司上下反而拧成一股绳，办公室里再也听不到叹气声。在这种氛围中，乔布斯处理问题更加坚决，做起事来也更有信心。

【修身小语】

有的人对于任何事情，总是表现得忧虑不堪。这种极度悲观的思维特征，被情感疗法专家埃尔伯特称为"灾难性思维"。而由这种思维产生的悲观情绪，传染性极强。如果你身边经常充斥有抱怨的声音，你就会逐渐变得消极而疲惫。

与乐观的人相处，你能收获鼓励和引导；与悲观的人相处，抱怨声将成为你生活的主旋律。因此，别跟整天叫苦连天的人在一起，这也是一种自我保护。

读故事　悟哲理

　　悟哲理,即感悟哲学道理。谈及哲学,很多人认为它是一门深奥难懂、枯燥乏味的学问,可事实上,哲学是一门关于世界观的学说,它属于任何一个善于思考的人。哲学潜藏于人们生活中的每一个角落,与我们的生活密切相关,却又高于生活。任何人都可以在自己的日常生活中,对周围的事物、对不同的人物产生深层次的思考。而哲学家只是将这些思考的火花,进一步燃烧下去。

　　那么,何为哲学? 哲学是一门使人聪慧的学问。在古希腊文和英文中,哲学的本意是爱智慧或追求智慧。在汉语中,哲就是智慧,哲学就是智慧之学或追求智慧之学,即爱智之学。可见,哲学能给人开阔的眼光、聪明的头脑和智慧的生活态度。

　　有人说:迷茫时,哲学是一盏明灯,帮我们照亮前方的路;痛苦时,哲学是一剂良药,帮我们医治心灵的伤;失意时,哲学是一针强心剂,帮我们重新振作、重新出发。有人说:哲学像是一座高山,拾级而上,能谛听来自智者的梵音妙语;哲学似一座桥梁,跨步而过,能紧随智者的步伐前行。这些评价从不同角度点明了哲学的价值。其实每个人的一生难免会遇到这样或那样的困惑与不顺,用哲学的眼光去看待这些问题,用哲学的头脑去思考这些问题,一切问题都将迎刃而解。

65 闵损芦衣

周朝的鲁国,有个姓闵名损字子骞的人。在他很小的时候,母亲就不幸去世了。父亲娶了后妻,后妻又连续生了两个弟弟。人都有私心,因为子骞非她亲生,后母平时对他很不好。严冬,后母给亲生的两个孩子用棉花缝制了厚厚的棉衣,可怜的子骞却裹在一件用芦花做成的单薄的衣服里,冻得四肢僵硬、脸色发紫。

一天,子骞的父亲外出办事,让子骞驾车。冰天雪地,子骞身着芦苇做的衣服哪里能抵挡住冬天的严寒,双手被冻僵了,嘴唇被冻紫了。一阵寒风吹过,子骞剧烈抖动的双手实在没法抓紧缰绳,一失手,驾车的鞍辔就掉到地上,这引起了马车很大的震动。

坐在车后的父亲身体猛晃一下,很是生气,心想:这么大人了,连个马车都驾不好。正要斥骂子骞时,突然发现子骞脸色发紫,浑身颤抖,很是奇怪。便上前拉开子骞的衣襟,顿时脸色大变,眼睛湿润。原来,子骞的"棉衣"里全都是一丝丝的芦苇絮,没有一片棉花。父亲十分愤怒,没想到妻子竟如此对待子骞,当即回家决定休了妻子。子骞听后扑通一声跪在地上,含泪抱着父亲说:"母亲在家的时候,只有儿子一个人寒冷。可如果母亲不在家了,家里的三个孩儿就都要受冻挨饿了。"

父亲听言非常感动,不再赶妻子走了。看到子骞一点儿都不怨恨自己,后母深感后悔,从此也把子骞看成自己亲生的孩子一样爱护。

【哲理小语】

　　故事中子骞能善待一直对自己不好的后母,的确难能可贵。同时他的纯洁之孝,也符合整体与部分相互联系的哲理,既立足全家整体幸福的大局,又注重后母这一处于重要地位的局部,最终使整个家庭和睦安宁。

　　同时,如果子骞的父亲一怒之下把后母赶走了,这个家庭从此以后就天伦不再。正是因为有这样一位孝子子骞,才使整个家庭变得幸福温馨。子骞的善举只在一念之间,而这一善念就是人们常说的纯洁之孝。

66 滥竽充数

　　古时候,齐国的国君齐宣王痴爱音乐,尤其喜欢听吹竽,他的手下有三百个善于吹竽的乐师。齐宣王喜欢热闹,爱摆排场,总想显示做国君的威严,所以每次听吹竽的时候,总是叫这三百个乐师在一起合奏给他听。

　　有个南郭先生听说了齐宣王的这个癖好,觉得这是个赚钱的好机会,就跑到齐宣王那里,吹嘘自己是有名的乐师。齐宣王不加考察,很痛快地收下了他,把他也编进那支三百人的吹竽队伍中。这以后,南郭先生就随那三百人一块儿合奏给齐宣王听,和大家一样拿优厚的薪水和丰厚的赏赐,心里得意极了。

　　其实南郭先生撒了个弥天大谎,他压根儿就不会吹竽。每逢演奏的时候,他就捧着竽混在队伍中,人家摇晃身体他也摇晃身体,人家摆头他也摆头,脸上装出一副动情忘我的样子,看上去和别人一样吹奏得非常投入,还真瞧不出什么破绽来。南郭先生就这样靠着蒙骗混过了一天又一天,不劳而获地白拿薪水。

可是不久之后,爱听合奏的齐宣王死了,他的儿子齐湣王继承了王位。齐湣王也爱听吹竽,可是他和齐宣王不一样,认为三百人一块儿吹实在太吵,不如独奏来得悠扬逍遥。于是齐湣王发布了一道命令,要这三百人好好练习,做好准备,他将让这三百人轮流来一个个地吹竽给他欣赏。乐师们知道命令后都积极练习,想一展身手,只有那个南郭先生急得像热锅上的蚂蚁,惶惶不可终日。他想来想去,觉得这次再也混不下去了,只好连夜收拾行李逃走了。

【哲理小语】

滥竽充数比喻没有本领的人冒充有本领,占着位置,或拿质量次的东西混在好的里面充数。像南郭先生那样不学无术、靠蒙骗混饭吃的人,骗得了一时,骗不了一世。假的就是假的,假的东西伪装得再深最终也难逃实践的检验而被揭穿。一个人要想取得成功,唯一的办法就是勤奋学习。只有练就一身过硬的本领,才能经得住实践的考验。

这则故事告诉人们,一个人如果像不会吹竽的南郭先生那样,没有真才实学,只会弄虚作假的话,总有一天会露出自己的马脚。故做人一定要实事求是,做老实人,说老实话,办老实事。

67 三人成虎

魏国大夫庞恭,将要陪魏太子到赵国去做人质。临行前对魏王说:"假如一个人说街市上出现了老虎,大王相信吗?"魏王道:"我不相信。"庞恭说:"如果两个人说街市上出现了老虎,大王相信吗?"魏王道:"我将信将疑。"庞恭又说:"倘若三个人说街市上出现了老虎,大王相信吗?"魏王道:"我相信了。"

庞恭接着说:"街市上不会有老虎,这是大家都知道的,可经过三个人一说,好像真的有老虎了。现在赵国离魏国比这里的街市远多了,议论我的人又不止三个,如果我走后有人说我的坏话,希望大王明察才好。"魏王道:"一切我自有分寸。"

果然,庞恭离开赵国后,就有人在魏王面前诬陷他,听得多了,魏王就信以为真。后来太子结束了人质的生活,魏王没有再召见庞恭。

【哲理小语】

判断一件事情的真伪,不能偏听偏信,必须经过细心考虑,不然就会误把谣言当真。古人云:"兼听则明,偏信则暗。"意思是说要坚持两点论,要全面地看问题,要听取各方面的意见,才能正确认识事物。只相信单方面的话,必然会犯片面的错误。

同时这则故事也告诫人们,不要妄加评论他人,看到别人有过错时,一定要再三观察,决不能妄加揣测随意指责。否则,有时候自己不经意的一句话,有可能给他人带来难以弥补的伤害。

68 失人之察

鲁哀公六年(公元前 489 年),孔子与他的弟子们在陈国、蔡国交界处被困绝粮,七天七夜粒米未进。为了活下去,孔子让他的弟子颜回外出乞讨。

颜回讨米回来后，又生火煮饭。饭快要煮熟的时候，孔子看见颜回用手抓锅里的饭吃。孔子这下不高兴了，看颜回平时表现得那么温和孝顺，原来都是伪装的。

不一会儿，饭煮熟了，颜回请孔子吃饭。孔子假装没看见颜回抓饭吃的事情，说："刚刚梦见我的先人，我自己先吃干净的饭然后才给他们吃。"颜回知道老师这是在敲打自己，赶紧回答道："老师，事情并不是你想象的那样。刚才是因为炭灰飘进了锅里，弄脏了米饭。现在粮食这么紧缺，扔掉了太可惜，所以我就抓起来吃了。"

孔子听完颜回的话，长叹一声，对众子弟说："唉，是我错了，我是太相信自己眼睛所见，但是眼睛也不一定可信。"

【哲理小语】

有时我们以为看到的才是真实的，其实是我们的内心所想误导了自己的判断。人们认识事物，总是有一定的局限性，这就是所谓的"不识庐山真面目，只缘身在此山中"。如果想要了解事件的真相，就得跳出内心的重重大山，这样才会做出冷静、理智的判断。

古人云："耳听为虚，眼见为实。"这句话是说听别人讲的和自己看到的有时是不一致的，看到的才是真实情况，而听人讲的往往是道听途说，所以没有亲眼所见就不要轻易相信别人的话。但眼见是不是一定为实呢？其实不一定。因为事物有真相和假相之分，如果我们眼睛看到的是假相，错把假相误认为是真相，就会把虚的误认为是实的了。

69 一叶障目

从前，楚国有一个书生，家里很穷。一次，他在读淮南王刘安所著的《淮南子》时，看到书中写道："螳螂捕蝉时用来遮蔽身体的那片树叶，具有隐身的功能。"于是，他想："如果我能得到那片叶子，那该多好呀！"

从这天起，他整天在树林里转来转去，寻找螳螂捉蝉时藏身的叶子。一天，他果然看到一只螳螂藏身在一片树叶下，正准备捕捉它前面的蝉。他兴奋极了，连忙扑上去摘下那片叶子。谁知，由于太激动了，居然没有拿住，那片树叶飘飘摇摇地掉落在树下，与满地的落叶混在一起，再也分辨不出来了。

于是他找来一只簸箕，把地上的落叶全都收拾起来，带回家去，打算一片一片地试。书生拿起一片树叶，遮住自己的眼睛，然后问妻子："你看得见我吗？"妻子回答："看得见。"他又举起一片树叶问："你能看得见我吗？"如此反复，妻子开始总是回答说"看得见"。后来，妻子被问得厌烦了，就随口答道："看不见了！"

他一听喜出望外，连忙带着这片叶子到集市上去，拿了别人的东西就走。店主十分惊奇，把他抓住送往官府。县官也觉得很奇怪，居然有人敢在光天化日之下偷东西，便问他究竟是怎么回事。书生道出了原委，县官听后哈哈大笑，说道："你真是一叶障目，不见泰山呀！"

【哲理小语】

一叶障目，比喻被局部或暂时的现象所迷惑，不能认清事物的全貌或问题的本质。这则故事警示我们要看清事物的全貌，不能盲目崇拜权威理论,不能盲目轻信传言,必须经过科学的调查和验证,以谦虚谨慎的态度看待事物。

"一叶障目,不见泰山",常用来比喻某人被眼前极其细微的事物现象所蒙蔽,看不到事物的整体和本质。这就要求我们要透过事物的现象看本质,既要从整体着眼,又不能忽视了局部。

70 一屋不扫,何以扫天下

东汉时期,有一个叫陈蕃的人,他学识渊博,胸怀大志,少年时代就发奋读书,立志以天下为己任。

一天,他父亲的一位老朋友薛勤来看他,见他独居的院内杂草丛生,秽物满地,就对他说:"你怎么不把屋子打扫干净,以招待宾客呢?"陈蕃回答道:"大丈夫处世,当扫天下,安事一屋乎!"

薛勤当即反问道:"一屋不扫,何以扫天下?"陈蕃听了无言以对,觉得很有道理。从此,他开始注意从身边小事做起,最终成为一代名臣。

【哲理小语】

"一屋不扫,何以扫天下",蕴含了量变与质变辩证关系原理,事物的发展都是从量变开始的,量变是质变的必要准备,质变是量变的必然结果。这一原理要求我们大事都须从小事做起,要注重量的积累。

《弟子规》中说:"房室清,墙壁净,几案洁,笔砚正。"意思是说,书房要整理清洁,墙壁要保持干净,读书时,书桌上的笔墨纸砚等文具要放置整齐,不得凌乱。只有触目所及皆是井井有条,才能静下心来把书读好。

71 神来之笔

有一年,吴王孙权在自己的书房中新添了一道屏风,精美的木架上蒙了雪白的绢素。画家曹不兴应召为其在绢素上配画。

曹不兴拿起画笔,蘸了墨,准备作画。哪知稍不留神,画笔误点下去,他急忙收笔,但已经来不及了,雪白的绢面上顿时出现了一个小墨点。

旁边的人都惋惜道:"败笔,真可惜。"曹不兴对着小墨点仔细端详了片刻,不慌不忙地把小墨点改画成一只小蜜蜂,再在旁边画了花花草草。整个画面布局匀称,生动逼真,那只小蜜蜂更是栩栩如生。围观的人都赞叹不已。

当孙权观赏这幅画时,发现了画中这只小蜜蜂,想赶走它,便伸手去弹了几下,可是小蜜蜂并没有飞走。他很是疑惑,再仔细一看,方知是曹不兴画上去的蜜蜂,忍不住赞道:"好画!实乃神来之笔。"

【哲理小语】

坏事和好事是既对立又统一的,在一定条件下是可以相互转化的。曹不兴的误笔看起来是件坏事,却因为他的神来之笔而变成了好事。

唯物辩证法认为,矛盾是普遍存在的。所以,当困难和挫折来临时,我们不能回避矛盾,不遮掩问题,不推脱责任,要用积极的心态去面对和解决矛盾,坏事说不定就会变成好事。

72 高价选邻

南朝时期,有个叫吕僧珍的饱学之士,生性诚恳老实,待人忠实厚道。吕僧珍家教极严,他对家中每一个人都耐心教导,严格要求。因此,他的家风纯正,家中的每一个成员都待人和气,品行端正。吕家的好名声远近闻名。

南康郡守季雅是个正直的人,他为官清正耿直,秉公执法,从不屈服于权贵的威胁利诱。正因如此,他得罪了一些小人,朝中一些官僚视他为眼中钉。终于,朝廷听信谗言,把季雅革职为民。

被罢官后,季雅一家从郡守府邸搬了出来。他们四处寻找合适的住所,希望找到一个家风纯正、邻里和睦的地方。

经过一番打听,季雅得知,吕僧珍家是一个君子之家,家风极好,不禁大喜。季雅来到吕家附近,发现吕家子弟个个温文尔雅,知书达理,果然名不虚传。恰好,吕家隔壁人家要搬到别的地方去住,打算把房子卖掉。季雅赶快去找这家要卖房子的主人,愿意出一千一百万钱的高价买房,那家人很是满意,二话不说就答应了。

于是季雅将家眷接来,就在这里安下了家。吕僧珍过来拜访这家新邻居,两人寒暄一番,谈了一会儿话,吕僧珍问季雅:"请问先生买这幢宅院,花了多少钱呢?"季雅据实回答,吕僧珍很是吃惊:"据我所知,这处宅院已不算太新了,面积也不很大,怎么所售价钱如此之高呢?"季雅笑着回答道:"我这钱里面,一百万钱是用来买宅院的,一千万钱是用来买您这位道德高尚、治家严谨的好邻居的啊!"

【哲理小语】

季雅宁肯出高得惊人的价钱,也要选一个好邻居,这是因为他知道好邻居会给他的家庭带来好的风气。众所周知,"近朱者赤,近墨者黑"。外因是事物变化发展不可缺少的条件,环境对一个人的影响是不容小觑的。无论是自然环境还是人文环境,都会对人的行为习惯产生重大影响。

73 阎立本观画

在唐代,有一位被称为"丹青神化"的唐代画家,名收阎立本,他出生在雍州万年(今西安市)一个绘画艺术之家。他在父亲和哥哥的培养下,十六七岁就已落笔不俗,名噪乡里。然而,阎立本始终保持着谦逊的态度,认为自己的水平还远远比不上古代的名画家。

有一天,阎立本得知,在长江之滨的荆州,新近发现了一块张僧繇的绘画石刻。他一听,喜形于色,暗想,张僧繇是南北朝时期的"画圣"之一,尤其是他画的龙,栩栩如生,令人叫绝。于是,他毅然决定踏上千里之路,前往荆州亲临观赏学习

经过两个多月的跋山涉水,阎立本终于平安到达了荆州。他住进旅店,风尘未洗,就请店家领他去看绘画石刻。绘画石刻被摆放在一家菜园子的角落里,上面覆盖着厚厚的污泥,不少地方难以辨认。石刻周围,荒草丛生,乌鸦鼓噪,显得荒凉而寂静。

阎立本打眼一看,不禁有些失望。然而,他很快又觉得自己太轻率了。次日清晨,他又来到石刻前,擦掉污泥,细看一番,才发现画中果然有不少妙处。第三天,他提来一桶水,把石刻认真冲刷了几遍,再细心端详,反复揣摩,更觉得张僧繇的技艺高人一筹。他越看越入迷,白天看不够,晚上还打起灯笼继续观赏。

就这样,阎立本在石刻前竟一连观赏了十几天,迟迟不愿离去。

【哲理小语】

阎立本为何初见之下,竟不以为然,三思之后,又加以肯定,以至于喜爱而不忍离去呢? 这表明阎立本对张僧繇高超画技的认识,是一个从不知到知、从知之甚少到知之甚多、从知之甚浅到知之甚深的过程。唯物辩证法认为,任何事物都有其内在的实质和外在的表现形式,这两者有时并不是完全一致的。即使是美的外在表现形式,也会由于观察者的立场不同而产生不同的看法。因此,我们做任何事情,都要将感性认识上升到理性认识,透过现象看到事物的本质和规律。

74 学无止境

苏东坡从小就喜欢读书,他天资聪明、过目不忘,每看完一篇文章,便能一字不漏地背出来。经过几年苦读,他已是饱学之士。一天,他乘着酒兴,挥笔写了一副对联,命家丁贴在大门口。上面写道:"读遍天下书,识尽人间字。"

过了几天,苏东坡正在家看书,忽听仆人通报门外有人求见。他出来一看,是位白发苍苍的老太太。老太太指着门上的对联,问他:"你真的已读遍天下书,识尽人间字了吗?"

苏东坡一听,心里很不高兴,傲慢地说:"难道我能骗人吗?"老太太从口袋里摸出一本书,递上前说:"我这里有本书,请帮我看看,上面写的是什么?"

苏东坡接过书,从书头翻到书尾,又从书尾翻到书头,书上的字竟一个也不认识。他不禁羞愧万分,觉得自己说的大话太丢脸,伸手想把门上的对联撕掉。

　　老太太忙上前阻止道："慢！我可以把这副对联改一下。"于是在每句对联前面各添两个字，改成："发愤读遍天下书，立志识尽人间字。"并谆谆告诫苏东坡："年轻人，学无止境啊！"

【哲理小语】

　　"学无止境"出自清代刘开的《问说》："理无专在，而学无止境也，然则问可少耶？"此处的"学"，不仅仅是指知识和技能的学习，更包含了道德情操和精神境界的追求。从哲学上讲，人的认识是不断发展的，一个人的学习是永无止境的。

　　要追求学无止境的境界，第一，兴趣是激励学习的最好老师。"知之者不如好之者，好之者不如乐之者。"第二，坚持是学习的唯一方法。"不积跬步，无以至千里"，想要攀登学习的高峰，就需要有异于常人的恒心和毅力，不为任何风险所惧，不为任何干扰所惑。第三，实践是检验学习的唯一标准。"纸上得来终觉浅，绝知此事要躬行。"学习本身不是目的，目的是解决问题。离开了实践，即使知识再渊博，也只能是纸上谈兵。

75　卖油翁

　　宋朝有个叫陈康肃的人，十分擅长射箭，他能够在百步之外射中树上的叶子。这样的射箭技术没有人能比得上，于是陈康肃很自负，觉得自己的箭法天下无敌，从不把任何人放在眼里。

　　有一次，陈康肃在练习射箭时，引来很多人围观。他的箭术果然名不虚传，射出的箭几乎全部射中靶心，旁边围观的人大声喝彩。刚好，有一位卖油的老翁挑着担子经过，他停下来斜着眼睛看着陈康肃表演，脸上并没有露出赞叹的表情，只是微微地点了点头。

陈康肃看到老翁这样的表情，感到很生气，就走过去问道："你也懂得射箭吧？难道你觉得我的技术还不够好吗？"老翁平静地回答说："我觉得这也没啥了不起的，只是你练得多了，手熟罢了。"陈康肃生气地说："你凭什么这样说呢?!"老翁不慌不忙地说："这是我从多年来倒油的技巧中得到的经验。"说完，老翁把一个葫芦放在地上，又取出一枚铜钱盖在葫芦嘴儿上，然后用油瓢从油桶里舀了一瓢油，往盖着铜钱的葫芦嘴儿里倒。只见油细细地变成了一条线流到葫芦嘴儿里。等油倒完了，铜钱上竟然连一点儿油星都没有。

人们都开始惊叹起来，老翁笑着说："我现在的技术只是熟练罢了，如果想学到真正的本领，一定要勤于练习啊！有些事看起来很容易，其实做起来还是很困难的！"陈康肃听了以后，客客气气地给卖油的老翁鞠了个躬，说："我明白了您说的道理。"

【哲理小语】

这则故事形象地说明了"实践出真知""熟能生巧""天外有天，人外有人"的道理，告诉人们所有技能都能通过长期反复苦练而达至熟能生巧之境地。

世上无难事，只要有心人。只要我们不断练习、不断实践，日久天长，必定会熟能生巧。同时，这则故事还告诉人们，不要自满自大，只有勤奋努力，才能真正掌握知识与技能的全部内容与真谛，也才能达到自己所追求的理想境界。

76 左宗棠下围棋

清朝名将左宗棠很喜欢下围棋，其属僚皆非他的对手。

有一次，左宗棠出征途中，看见有一茅舍，其横梁上挂着匾额"天下第一棋手"。左宗棠不服，入内与茅舍主人连弈三盘，主人三盘皆输。左宗棠笑道："你可以将此匾额摘下了。"随后，左宗棠自信满满，兴高采烈地踏上出师的征程。

没过几个月，左宗棠班师回朝，又路过此处。左宗棠又好奇地找到这间茅舍，看到"天下第一棋手"之匾额仍未摘下。左宗棠又入室内，与主人再下了三盘。这次，左宗棠三盘皆输。左宗棠大感讶异，问茅舍主人何故。主人答："上回，您有重任在肩，要率兵打仗，我不能因一局棋而影响了您的军心和士气。现今，您已得胜归来，我当然要全力以赴、当仁不让啦。"

【哲理小语】

唯物辩证法认为，矛盾具有特殊性，要具体问题具体分析。世间真正的高手，是能胜而不一定要胜，有谦让别人的胸襟；是能赢而不一定要赢，有善解人意的情怀。

生活又何尝不是如此呢？聪明的人不一定有智慧，但是有智慧的人一定聪明。聪明的人得失心重，有智慧的人则勇于舍得。真正的耳聪是能听到心声，真正的目明是能透视心灵。看到，不等于看见；看见，不等于看清；看清，不等于看懂；看懂，不等于看透；看透，不等于看开。

77 画师画图

京城来的画师技艺精湛，呕心沥血为东家画了两张画图。一张为"虎王饮水图"，画中一只斑斓猛虎在河边饮水；另一张为"二龙戏珠图",画面上两只腾云驾雾的金龙在空中戏珠。两张画图都栩栩如生,巧夺天工,引来观赏者络绎不绝,他们无不交口称赞,都夸画师的技艺高超。

画师扬扬得意地请出东家,将两张画呈上,满心希望得到东家的赏识。不料东家仔细看了图画,二话没说,命童仆取来火柴,要将两张画图付之一炬。

画师吃惊不小,百思不得其解。他问东家:"我费尽心血画出这两张画图人见人夸,唯你要烧掉它,这是何故?"

"你的技艺固然精巧,画中动物的神态也很逼真,但却与客观现实相背离。"东家指着画图对画师说:"你且看这张'虎王饮水图':老虎喝水用舌头舔,并非如你所画的,将嘴整个儿浸没在水中汲,那叫牛饮。你再看这张'二龙戏珠图':传说中的龙均为五爪,蟒才为四爪。你的画图称二龙戏珠,却只为龙画出四爪,这到底是龙戏珠呢还是蟒戏珠啊?你说,像这种违背事物本质仅凭个人想象画出的不伦不类的图画,即使画得再好,赞扬的人再多,又有什么保存价值呢?留着恐怕只会贻笑后人啊!"

听完东家的评论,画师这才恍然大悟:不符合客观实际的画图,虽一时能吸引众多人的眼球,但终究是一文不值的。

【哲理小语】

这则故事告诉人们,不管我们从事什么工作,都要坚持一切从实际出发,实事求是。坚持一切从实际出发,实事求是,是辩证唯物主义世界观的根本要求。它要求我们做事情要尊重客观规律,从客观存在的事实出发,经过调查研究,找出事物本身固有的而不是臆造的规律性,以此作为行动的依据。

坚持一切从实际出发,实事求是,就要充分发挥主观能动性,坚持用科学的理论武装头脑,指导实践,不断解放思想,与时俱进,以求真务实的精神探求事物的本质和规律,在实践中检验和发展真理;就要把发挥主观能动性和尊重客观规律性结合起来,把高度的革命热情同严谨踏实的科学态度结合起来。

78 碎罐

古时,有一个人提着一个非常精美的罐子赶路,走着走着,一不小心,"啪"的一声,罐子摔在路边一块大石头上,顿时成了碎片。路人见状,唏嘘不已,都为这么精美的罐子摔成了碎片而惋惜。可是那个摔破罐子的人,却像什么事也没发生一样,头也不回一下,看都不看那罐子一眼,照旧赶他的路。

这时过路的人都很惊奇,为什么此人如此洒脱。多么精美的罐子啊,摔碎了多么可惜呀!甚至有人还怀疑此人的神经是否正常。

事后,有人问这个人为什么摔碎了值钱的罐子一点儿也不可惜。这人说:"已经摔碎了的罐子,何必再去留恋它呢?"

【哲理小语】

洒脱是一种超越了失去或痛苦的至高境界。失去了就是失去了,何必还要再留恋呢?唯物辩证法认为,矛盾双方既对立又统一,在一定条件下可以相互转化。有时失去,并不一定是件坏事;但不敢失去、回避失去,却容易变成一件坏事。旧的不去新的怎会来,我们要学会告别旧事物,迎来新事物。

一方面,面对失去应坦然视之。自己珍爱的东西,一旦失去了,就平静地让它失去,不能总沉湎于已经不存在的东西之中。另一方面,面对失去应自信自强。遭遇失败、陷入困境时,我们的胸襟应更豁达一些,眼光更长远一些,只有排除那些不必要的留念与顾盼,才能重新树立开创新事物的决心和信心。

79 天下第一木匠

从前,有两个非常杰出的木匠,他们都建造过很多雄伟的建筑和雅致的亭台楼阁。二人的手艺都十分精湛,难分高下。

有一天,国王突然想从他们两个之间选出一个最好的木匠。他决定让他俩比赛,谁赢了就封谁为"天下第一木匠"。于是国王把两个木匠宣进宫,让他们开始比赛,看谁在三天之内雕刻出的老鼠最逼真、最完美。谁要是赢了,不光可以得到奖品,还有其他封赏。

在这三天里,两个木匠都专心致志地工作,因为他们都渴望得到"天下第一木匠"的头衔。到了第三天,他们都把自己雕刻好的作品交给国王。国王把朝中大臣都召集到王宫,让他们一起来评审。

第一个木匠雕刻的老鼠栩栩如生,活灵活现,眼珠子会自己转来转去,胡须还能抖动。第二个木匠雕刻的老鼠远看还有点儿老鼠的模样,近看怎么也不像老鼠。胜负立马就分了出来,国王和大臣们一致判定第一个木匠获胜。第二个木匠却站了出来,对国王说:"陛下的评审有失公平。"国王问:"怎么不公平了?"第二个木匠接着说:"要判定谁雕的老鼠更像真的老鼠,应该由猫来决定,您不觉得猫看老鼠的眼光比人要锐利得多吗?"

国王觉得第二个木匠说得有道理,就派人去抓几只猫来。没想到,猫刚被放到地上,就都不约而同地扑向那只不像老鼠的"老鼠",一个劲地啃咬,并抢夺了起来。然而,却没有一只去光顾那只很像老鼠的"老鼠"。

　　国王觉得不可思议,然而事实摆在面前,他只好封第二个木匠为"天下第一木匠"。同时国王想弄个明白,于是问第二个木匠:"你是怎么让猫认为你雕的老鼠是真的老鼠的?"第二个木匠笑着说:"这其实很简单,我雕的老鼠用料不是木头而是鱼骨。猫在乎的根本不是老鼠像还是不像,而是它的腥味啊!"

【哲理小语】

　　因循守旧,缺乏创新,只能让人们走进死胡同。这则故事启示人们,要坚持辩证的否定观,树立创新意识,与时俱进、开拓创新,想问题、办事情要抓住事物的关键和本质。

　　创新意识是指人们根据社会和个体生活发展的需要,引起创造前所未有的事物或观念的动机,并在创造活动中表现出的意向、愿望和设想。它是人类意识活动中的一种积极的、富有成果性的表现形式,是人们进行创造性活动的第一要义,也是创造性思维和创造力的内在动力。

80　彼此尊重选择

　　沈从文和王际真教授是要好的朋友,两人都热爱文学,经常一起写作、聊天。后来,王际真要去美国深造,当时国内大学教师紧缺,有人找到沈从文,希望他劝劝王际真留下为国内的教育事业贡献力量。沈从文却表示,自己从不干涉王际真的选择。

到了 20 世纪 40 年代,国内局势动荡,很多人希望沈从文出国躲避战乱。有人找到王际真,希望他劝说沈从文。王际真却只写了一封普通的问候信,对此事只字未提。这种互不干涉对方的相处模式,使得两人保持了终身的友谊。

【哲理小语】

我们常说,己所不欲,勿施于人。但是周国平说,己所欲,也勿施于人。你自己喜欢的,未必是别人喜欢的。默认自己对他人世界的无知,不强加自己的意见,才是对他人最好的尊重。

君子和而不同。矛盾具有特殊性,这个世界上没有两片完全相同的树叶,也没有两个完全一样的人。每个人都有自己的思考和判断,所以不要用自己的头脑代替别人的决策。不越界,不多言,不干涉,只有为对方留足空间,才能彼此尊重,久处不厌。

81 哲学家的快乐

有一位哲学家,和几个朋友共同住在一间小房子里。尽管生活很简陋,但是他每天都洋溢着笑容。有人问他:"那么多人挤在一块,转个身都难,你有什么可乐的?"哲学家说:"和朋友们在一起,谈天说地,交流思想和情感,这难道不值得高兴吗?"

过了一段时间,朋友们陆陆续续成家了,纷纷搬离了小屋。房子里只剩下哲学家孤零一人,但是他依旧快快乐乐的。有人又问:"你一个人孤独地住在这里,连个说话的人都没有,有什么可高兴的?"哲学家说:"我有很多书呀,一本书就是一位朋友,我可以跟它们学习,向它们请教,这怎能不让人高兴呢?"

几年后，哲学家也成了家，搬进了一座七层大楼。这座大楼破旧不堪，居民们的素质也普遍不高。哲学家住在一楼，经常有人从上面往下扔垃圾、泼脏水，甚至丢破鞋子、臭袜子。但是，哲学家仍然每天都开开心心的。有人问他："住在这样的房子里，生活这么艰难，你有什么可开心的？"哲学家笑着说："你不知道住在一楼有多好啊，不用爬楼梯，进门就是家，出入都很方便。特别让我满意的是，可以在门前空地上养花种草，我怎么会不开心呢？"

【哲理小语】

让自己快乐，是一种看似简单又难以实现的能力。很多人一辈子都不具备这种能力，所以哪怕锦衣玉食，也日日忧愁。然而有些人家徒四壁，生活困顿，却能笑口常开，活得风生水起。

辩证唯物主义认为，主观意识对客观事物具有能动作用，正确的意识对客观事物起积极的促进作用。一个人是否快乐，不在环境，而在心境。心里充满阴霾，生活就阴云密布；心里充满乐观，生活就花香四溢。

82 一字改变冷暖

学生拍了一张照片，总体感觉不错。他一遍遍地欣赏，却突然觉得某个细节好像不妥。但具体哪里不妥，自己又说不清楚。他百思不得其解，就登门拜访一位摄影大师，寻求指导。

照片的画面很简单，背景是天空和大地，天上万里无云，碧空如洗；地上干干净净，只有两只鸽子。其中，一只是成年鸽，另一只是幼鸽。两只鸽子面对面，嘴里叼着同一个食物，这个食物把两只鸽子连在了一起。照片题名为：争食。

大师看后,很认真地说:"照片拍得不错,用光、构图、背景、寓意都很好,干净利索,简洁明快,只是题名感觉与整个画面中湛蓝的天空和洁净的大地不那么和谐,一个'争'字伤害了画面的寓意,甚至伤害了人们的情感。"大师停了停,又说,"为什么不把'争食'改为'喂食'呢?"

大师的一句质问点醒了他,他恍然大悟,原来问题出在题名上。

【哲理小语】

本来温馨、和谐、充满了爱的画面,因题名不当而变得冷酷、无情。大师的一字之改,改得多么恰当啊! 这让人在欣赏照片的同时,心里会感到暖洋洋的。

唯物辩证法认为,构成事物的成分在结构和顺序上的变化也能引起质变。故事中的照片还是那幅照片,画面还是那个画面,只是题名的一字之差,就让"冷"变成了"暖"。人间冷暖,一句话,一个字,就可以改变。因此,在生活中,我们要学会说好每一句话,用好每一个字。

83 承受极限

一位年轻人大学毕业后,被一家中日合资的海上油田钻井队录用,主管是一位日本人。

在海上工作的第一天,领班给他布置了一个任务:在限定的时间内,将一个包装精美的盒子送到几十米高的钻井架最顶层的主管那里。他抱着盒子,一路小跑,沿着狭窄而陡峭的舷梯向上攀登。当他气喘吁吁登上顶层，把盒子交给主管时，主管只在上面签下自己的名字，让他再送回去。他又快跑下舷梯，把盒子交给领班。领班也同样在上面签下自己的名字，让他再送给主管。他看了看领班，稍犹豫了一下，又转身登上舷梯。当他第二次登上顶层，把盒子交给主管时，已累得浑身是汗，两腿发颤。主管和上次一样，在盒子上签下他的名字，让他把盒子再送回去。他擦擦脸上的汗水，转身走向舷梯，把盒子送下来。领班签完字，让他再送上去。他有些愤怒了，盯着领班平静的脸，尽力忍着不发作。他擦了擦满脸的汗水，抬头看了看那刚刚走下的舷梯，抱起盒子，艰难地一个台阶一个台阶地往上爬。当他上到最顶层时，浑身上下都湿透了。他第三次把盒子递给主管。主管看着他，傲慢地说："把盒子打开。"

他撕开外面的包装纸，打开盒子。里面是两个玻璃罐，一罐咖啡，一罐咖啡伴侣。他愤怒地抬起头，双眼仿佛燃烧着火焰，直视着主管。这位傲慢的主管又对他说："把咖啡冲上。"

这位年轻人再也忍不住了，"啪"的一声，把盒子扔在地上，说道："我不干了。"说完，他看着丢在地上的盒子，感到心里痛快了许多，刚才的愤怒一下子释放了出来。

这时，这位傲慢的主管站起身来，直视他说："你可以走了。不过，看在你上来三次的份上，我可以告诉你：刚才让你做的这些，叫作承受极限训练。因为我们在海上作业，随时会遇到危险，要求队员们身上一定要有极强的承受力。只有承受各种危险的考验，才能成功地完成海上作业任务。可惜，前面三次你都通过了，只差最后一点点，你没有喝到你冲的甜咖啡。现在，你可以离开了。"

【哲理小语】

承受极限是痛苦的，它压抑了人性本能的快乐。但是，成功往往就是在你承受常人承受不了的痛苦之后，才会在某个方面有所突破，实现最初的梦想。可惜，许多时候，我们只差一点点，为了一时痛快，而没有喝到即将到手的"甜咖啡"。

历史唯物主义认为，要实现人生价值，必须充分发挥人的主观能动性。面对极限，我们要树立顽强拼搏精神。坚毅和拼搏精神是我们面对极限、战胜自我的必不可少精神，也是我们到达成功的必不可少斗志。

84 桌子还剩几个角

一位父亲用一道并不新鲜的智力游戏题考自己的儿子："一个桌子四个角，砍去一个角，还有几个角？""三个角。"儿子不假思索地回答。当然，这样的回答正在父亲的意料之中。于是，父亲呵呵笑道："真的吗？不对，应该是五个角。"

儿子无法接受这样的答案，坚持着他的数学原理："四减一就是等于三。"父亲显然早有准备，他拿出一张正方形的纸片，用剪刀剪去一角，对儿子说："假设这就是一张桌子，现在剪去一角，你数数还有几个角？"

儿子当然也不笨，他马上就明白过来这是父亲的智力游戏，也笑着说："对，这样是五个角，可是我干吗这样剪呢？"说着，他接过父亲手里的剪刀和"桌子"，沿着"桌子"的对角线剪了下去，然后扬起手中的三角形，得意地问道："这样，不就是三个角了吗？"

父亲哑口无言，一时间有些尴尬，但是随即父亲摆出一副胸有成竹的样子，对儿子说："不错，你想想看，还有没有其他的可能性？"儿子歪着头在纸片上比划着，然后说："也可能剩下四个角。"只见他拿起剪刀,沿着"桌面"一边的两个端点之间的任何一个位置向另外两个端点的其中一个端点剪下,这样就得到了一个四个角的"桌面"。

【哲理小语】

很多时候,我们习惯按照常规思维模式去回答问题和寻找答案,其习惯往往成为束缚我们的羁绊。

其实实践才是我们认识的基础,在思考中实践,在实践中思考,才是我们得出答案的唯一方法。只有多方位思考,勇于实践,我们才能够发现更多的可能性,也才能够跳出习惯性思维的窠臼。

85　没有人全知全能

1976年12月10日,祖籍山东日照的物理学家丁肇中因发现了J粒子而获得诺贝尔物理学奖。在颁奖典礼上,这位出生于密西根大学城的美籍华裔坚持用汉语发言,这在当时引起了轰动,至今想起来仍然令所有的中国人感动。

2004年11月,丁肇中受我国南京某大学之邀到该校做报告。在报告会上,许多学生都向这位科学巨匠踊跃提问。在与大学生展开互动交流的过程中,丁肇中对大学生们提出的问题,总是尽自己所能认真地予以回答。丁肇中认真的态度激发了更多学生的提问兴趣,其中有一位学生站起来问道:"丁博士,您觉得人类在太空上能找到暗物质和反物质吗?"丁肇中坦言道:"不知道。"另一位学生站起来又问道:"丁教授,您觉得您从事的科学实验有什么经济价值吗?"丁肇中依然认认真真地答道:"不知道。"又有一位学生起身问这位物理学大师: "丁教授,您可以谈一下物理学未来二十年的发展方向吗?"丁肇中依然像回答前两个问题一样神态自然却又十分认真地回答:"不知道。"

在这位科学巨匠连续说了三个"不知道"之后,报告厅里的所有师生不再有人站出来提问,刚才还气氛热烈的报告厅内一阵沉静。片刻之后,报告厅的各个角落几乎在同一时间爆发出一阵响亮的掌声,这掌声持续了好长时间。

让我们重新将注意力转回到该校学生提出的那三个问题上。类似这样的问题我们常常在各种各样的学术研讨会或者其他会议上多次听到,这些问题实在算不得深奥和古怪,甚至算不上新颖。可是对于这样的问题,丁肇中为什么会连续用"不知道"三个字来回答呢?

认真想一想,这样的问题确实还没有一个准确的答案,即使是对物理学有着深刻研究的丁肇中博士也无法给予提问者一个精确的回答。可是,他完全可以用一种比较"灵活"的方式敷衍过去,在那样的场合是不会有人与他较真的。更何况,在那些敬仰他的大学生眼中,他的回答无论是敷衍还是搪塞,都相当于金科玉律。然而,正是因为知道自己的言行对很多人具有一定的影响力,正是基于对科学和做人的认真,丁肇中才勇于在那种公开场合坦然承认自己"不知道"。对丁肇中有所了解的人都知道,说"不知道"对于丁肇中来说实在是一件再平常不过的事情。无论是在接受电视台采访时,还是在重要的学术交流会上,或者是在种种报告会或演讲会上,对于自己不清楚或者不太了解的问题,他都会坦然地说一声"不知道"。他不会顾及所谓的"颜面",他只是坚持中华民族的一条古训"知之为知之,不知为不知"。反过来想,如果不是有这种实事求是的科学态度和严谨务实的学术品格,丁肇中也不会取得如此令世人瞩目的成就。

【哲理小语】

在众目睽睽之下，丁肇中承认自己"不知道"，这实在是一种非凡的勇气。正是因为具备这种严谨务实、实事求是的唯物主义精神和过人的勇气，"大师"才能成为"大师"。而那些明明不知却故作深沉、佯装无所不知的人充其量不过是"伪大师"而已。

"不知道"，是日常生活里我们经常用到的一句话。但实际工作中很多人却不敢说出口，生怕说了"不知道"会让别人小瞧，丢了"面子"，矮了"身子"。因为怕说"不知道"，所以有的人无论知不知道，都能找理由"对付"；不管正不正确，都能貌似合理解答。殊不知，不懂装懂危害更大，往往误事、误人又误己。

86　勇气再造成功

当拿破仑的军队与奥地利军队战斗的时候，拿破仑的心中只有一个信念，那就是：往前冲，战胜敌人！他一直想着怎样打败奥地利军队。

然而，这场战斗明显是一个力量悬殊的较量。奥地利军队的人数是拿破仑军队的几十倍，而且敌军将领是一位勇猛善战的指挥官。拿破仑曾经多次与之交锋，但是从来没有像今天这样如此接近。拿破仑想："也许这一次要和这个奥地利人面对面地搏一搏了。"这样想着，拿破仑又向前跨出一大步，可是奥地利军队却在此时后退了，并且派一名骑兵告诉拿破仑，提议双方暂时休战。

此时拿破仑看着身后的这些士兵,大家都气喘吁吁地倒在地上。的确,他们从早上就开始和奥地利军队战斗,这时已经是傍晚了。拿破仑本人也感到自己需要休息一下,于是他让几个士兵拿来干粮,和大家一起坐在地上一边吃着干粮,一边商议如何突破奥地利军队的围攻。

拿破仑的军队人数本就不多,这一次深入奥地利腹地,后面的援兵还不知道什么时候才能到达。而现在,拿破仑数了数剩下的士兵,一共只有25名骑兵了,而敌人的数量却有一千余人。也许奥地利人是想今晚好好地睡个觉,然后明天一早将拿破仑及其部下一举歼灭,因为他们今天实在是让拿破仑和他的骑兵们折腾得筋疲力尽了。

拿破仑和他的骑兵们同样十分疲惫,可是,他们却不敢有丝毫懈怠,因为以他们现有的人数,很可能一不小心就会被敌人全部消灭。

胜败似乎已成定局,可是拿破仑是从来不肯束手就擒、接受失败的。他命令士兵吃完干粮以后迅速清理武器和战马,然后让大家把身上多余的衣物、水和剩下的干粮全部扔掉,但是一定要留下此前准备好的号角。

夜幕降临之时,拿破仑带着25名骑兵突然冲进了奥地利士兵的宿营地。他让这些骑兵都拿着号角边往前冲边大声喊叫,睡梦中的奥地利士兵以为法国援军突然到了,纷纷起来四下逃窜,场面十分混乱。尽管当时奥地利的将领一再让他的士兵坚决抵抗,可是号角声仿佛从四面八方传来,英勇的法国士兵所到之处几乎无人能敌。两支军队相遇之后就会引起一阵拼杀,很快拿破仑与奥地利将领相遇了。奥地利将领看到对方不过二十几人,不由得一阵愤怒,他挥舞着手中的大刀向拿破仑砍去,可是很快就被拿破仑擒住了。

战斗结束之后,奥地利将领问拿破仑:"到底是何种原因使你反败为胜?"拿破仑回答:"我从来就没有失败过,我始终怀着必胜的信念与你们战斗,即使在只剩25名骑兵时,我也没有想过接受失败。"

【哲理小语】

即使失败马上就要降临,只要它还没有来到,我们就不应该放弃。只要勇气没有丧失,成功的希望就永远不会破灭。只要拥有成功的希望,失败就不会轻易接近。退一步说,即使失败已经发生,我们还可以鼓足勇气迎接下一次成功。越是在危急时刻,我们的勇气就越需要经受巨大的考验。

什么是勇气?有人说,勇气是浩渺天际中那颗闪闪发亮的启明星,引领迷茫者在深邃的星空里坚定前行;有人说,勇气是飞向成功殿堂的一双翅膀,让追梦者像鸟儿般振翅翱翔;有人说,勇气是自信的脊梁,带领强者走出逆境超越梦想……可见,勇气是潜藏于形体之内的精神力量。辩证唯物主义认为,物质决定意识,意识对物质具有能动作用。一个人如果有了必胜的勇气,再加上充分的智慧,那么其人生就成功了一大半。

87 成功之前的失败

1981年,美国普利策艺术奖的评选委员会经过几番讨论,最终选出了获奖作品。其中,约翰·肯尼迪·图尔凭借其小说《傻子们的同盟》成为普利策小说奖的获得者。然而,遗憾的是,他本人却没有亲眼看到自己的作品获奖,甚至在他临死之际都不敢想象自己的作品能够获得如此大奖。

《傻子们的同盟》写于 1969 年。这部作品之所以在 1981 年得到世人的瞩目并获得大奖，是因为它在 1980 年才得以出版的。在出版之前，这部作品曾经遭到过许多出版商的拒绝，始终无法出版。作为这部长篇小说的作者，图尔因为忍受不了作品无法出版的失败而最终自尽，他去世时年仅 32 岁，而且年纪轻轻的他在临死之际竟然说出了这样悲观的话："我不仅仅是对自己的作品不怀有任何希望，而且对这个社会也失望透顶。像我这样的人，也许只有一条道路可以选择，那就是尽快死去，以脱离这无情的现实。"

虽然图尔对这个世界失去了希望，对自己的作品也是失望至极，但是他年老的母亲却没有因为儿子的遭遇而放弃对生活的希望。79 岁的老人怀着失去儿子的巨大悲伤叩开了一家又一家出版商的大门。老人同儿子一样遭到了一家又一家出版商的拒绝，但是她始终相信儿子的作品是伟大的，她坚信儿子在写作方面是一个天才。尽管图尔自己情愿以一个失败者的姿态告别这个世界，告别他的母亲，但是老人却丝毫没有放弃过出版《傻子们的同盟》的希望。

老人一直坚持不懈地与出版商联系，并且用自己笨拙的语言一次又一次地试图说服那些出版商们。她告诉那些出版商，这部作品如果不能得以出版，那不是她和儿子的损失，而是出版商的损失，这部作品总有一天会成为引起人们关注的伟大作品。结果，后来发生的事情被这位执着的母亲言中了。在图尔去世的 10 年之后，在经历了 8 家出版商的断然拒绝之后，这部作品引起了当时的著名小说家沃西·珀西的注意。这位小说家将这部作品推荐到路易斯安那出版社。路易斯安那出版社的主编亲自审阅了这部作品，他被小说滑稽的语言和独特的构思所倾倒，当即决定出版该作品。

1980年,《傻子们的同盟》终于得以出版,并很快就引起了读者们的轰动,而且还于次年获得了美国文学界的普利策小说奖。然而,小说的创作者图尔本人,却无法亲自享受这份荣耀。

【哲理小语】

没有人愿意面对失败,可是所有的成功者在享受成功之前都要历经无数次的失败。这不是大自然故意捉弄人,而是因为如果没有经历过失败的考验,人们就不会获得实现成功所必须具备的智慧、勇气,还有经验教训。如果你因为害怕失败而逃避现实,那成功也永远与你无缘。

俗话说:失败是成功之母。成功和失败既对立又统一,在一定条件下可以相互转化。世上少有一帆风顺的事,那些出类拔萃的伟人之所以会取得成功,正是因为他们能正确对待失败,从失败中汲取教训,从而踢开失败这块绊脚石,最终踏上了成功的大道。

88 让顾客感动的酒店

王老板因为生意需要经常去泰国,第一次下榻东方饭店就感觉很不错,第二次入住时,他对饭店的好感又迅速升级。

细节一:那天早上,他走出房间去餐厅时,楼层服务员恭敬地问道:“王先生是要用早餐吗?”王老板很奇怪,反问:“你怎么知道我姓王?”服务员说:“我们饭店规定,我们每一层当班服务员晚上要熟悉并记住每个房间客人的姓名。”这令王老板大吃一惊,因为他住过世界各地许多高级酒店,但这种情况还是第一次遇见。王老板走进餐厅,服务员微笑着问:“王先生还要老位子吗?”王老板更惊讶了,心想尽管不是第一次在这里吃饭,但离上次也有一年多了,难道这里的服务员记忆力那么好吗? 看到他惊讶的样子,服务员主动解释说:"我刚刚查过记录,您去年6月8日在靠近第二个窗口的位子上用过早餐。"王老板听后兴奋地说:"老位子! 老位子!"服务员接着问:"老菜单,一个三明治,一杯咖啡,一个鸡蛋吗?"王老板已不再惊讶了:"老菜单,就要老菜单!"

细节二:在用过早餐后,服务员又端上了一份酒店免费奉送的小点心,由于这种小点心王老板第一次看到,觉得很好奇,就问旁边的服务员:"这是什么?"那个服务员看了一眼,后退两步说:"这是我们特有的点心。"服务员为什么要先后退两步呢? 他是怕自己说话时口水不小心落在客人的食物上。这种细致的服务不要说在一般的酒店,就是在美国最好的饭店里王老板都没有见过。

细节三:几天后,当王老板处理完公务退房准备离开酒店时,前台的服务员把单据折好放在信封里,交给他的时候说:"谢谢您,王先生,真希望不久还能再见到您。"原来,这位王老板在一年前来曼谷时住的就是这家酒店,只不过上次只住了一天,所以对这个服务员没什么印象,谁知她居然还能记得。

后来,王老板有两年没有再到泰国去,在他生日的时候突然收到一封东方饭店发来的生日贺卡,并附了一封信,信上说东方饭店的全体员工十分想念他,希望能再次见到他。王老板当时激动得热泪盈眶,发誓再到泰国去,一定要住在东方饭店,并且要说服所有的朋友像他一样选择东方饭店。

以后,王老板又多次到泰国,当然,他每次肯定会住在这家酒店,而那位前台服务员的服务依然是那么细致入微。当王老板最近一次入住这家酒店时,发现当年的那位服务员现在已经是酒店的客房部经理了。

【哲理小语】

泰国东方饭店的这种优质服务无疑赢得了一个顾客的心。在这个竞争无比激烈的年代,细节决定成败。做好细节服务,就是从小事做起,注重量的积累,就是对"简单"细节的重复,并做到持之以恒。

众所周知,酒店是典型的服务型行业。酒店若能提供更优质、更周到、更人性化的服务,便能更好地满足顾客被尊重的需求。可见,周到的服务是留住顾客的法宝之一。

89 再试一次

有位年轻人去微软公司应聘,而该公司并没有刊登过招聘信息。总经理疑惑不解,年轻人用不太娴熟的英语解释说自己是碰巧路过这里,就贸然进来了。总经理虽然感觉有些意外,但还是被他的勇气所打动,决定破例给他一个面试的机会。由于缺乏充分的准备,这位年轻人表现得很糟糕。总经理还是温和地说道:"等你准备好了再来试吧。"

年轻人听后,深受鼓舞。他意识到自己的不足,并决定加倍努力。在接下来的日子里,他不断充实自己,学习相关知识,提升自己的技能。一周后,他再次鼓起勇气,走进了微软公司的大门。这一次,他的表现虽然还没有达到完美的程度,但比起第一次,已经有了明显的进步。

总经理看到年轻人的努力和进步,心中暗自点头。然而,他仍然觉得年轻人还有更大的提升空间。于是,他再次对年轻人说:"你的表现比上次好多了,但仍然有提升的空间。我建议你继续准备,等你觉得自己真正准备好了,再来试一次吧。"

就这样,年轻人先后五次踏进微软公司的大门。每一次,他都带着更加充分的准备和更加坚定的信念。最终,他的努力和坚持得到了回报,微软公司决定录用他,并将他作为重点培养对象。

【哲理小语】

这则故事告诉人们,愚者错失机会,智者善抓机会,成功者创造机会,机会总是留给那些具有坚韧不拔毅力的人。唯物辩证法认为,量变是质变的必要准备,质变是量变的必然结果,量变达到一定程度,必然引起质变。故事中的年轻人在求职过程中,连续遭遇四次失败,但每次表现都比前次好得多。在经历多次失败后,最终被公司录用。

在我们的现实工作、生活中,困难和挫折总是难免的。一个人若能有勇敢者的气魄,坚定而自信地对自己说一声"再试一次",就很有可能达到成功的彼岸。

90 跳伞

新兵准备跳伞。教官打开舱门,最后叮嘱:"一定要数到10以后再打开降落伞。"大家严格执行命令,一个接一个跳了下去。

突然有个士兵惊呼道:"杰克一定会摔死的!"教官怒斥道:"为什么?""因为他有严重的口吃。"士兵回答。

【哲理小语】

唯物辩证法认为,矛盾着的事物及其每一个侧面都各有特点,要做到具体问题具体分析。这则故事中的教官没有考虑到有严重口吃的杰克的实际,犯了"一刀切""一风吹"的错误,难免会造成严重后果。

由此可见,规则和程序是约束大众的,但只有同时照顾到个体差异的规则才是完美无缺的。

91 爱因斯坦的废纸篓

爱因斯坦刚去普林斯顿高级研究院的时候,校工问他需要什么用具,他特别强调要一只特别大的废纸篓。校工非常好奇,废纸篓为什么要特别大的,爱因斯坦解释说:"好让我把所有的错误都扔进去啊!"就这样,爱因斯坦的工作室里多了一只特别大的废纸篓。

一天,该研究院邀请附近学校的学生前来参观,并以有碍观瞻的理由临时挪走了那只废纸篓,爱因斯坦知道后坚决不肯,学院无奈只好又将废纸篓放回原处。

学生们一见到这么大的废纸篓就立刻围了上去,其中一个女学生问爱因斯坦:"您是一个伟大的科学家啊,也会算错题目吗?"爱因斯坦笑着说:"当然,许多时候,我都会算错的。只有很少的时候,我才会一次算对。"在场的学生们恍然大悟:"原来科学家也会犯普通人常犯的错误。"

爱因斯坦点点头说:"对。正因如此,每个热爱科学研究的人,也都有机会最终成为科学家。"

【哲理小语】

唯物辩证法认为,新事物必然战胜旧事物,事物发展的总趋势是前进的,但发展的道路是曲折的。因此,我们既要对未来充满信心,又要准备走曲折的路。

谦虚谨慎的爱因斯坦,用工作室里那个特大的废纸篓说明自己只是一个普通人,也会犯错误。同时,用那个特大的废纸篓告诉世人:一个人只有学会吸取教训,改正错误,才能不断进取,迎接更大的成功。

92 两个文学社

在美国的一所大学里有两个文学社团,一个叫"扼杀者",另一个叫"讨论者"。

"扼杀者"成立得早些,是由一些爱好文学的男生组成的,他们对英语有着超常的理解能力和文学创作天赋。他们定期聚在一起,互相阅读作品,并进行严格的批评。他们十分挑剔,任何细小的毛病或有与自己不相符合的观点他们都要妄加指责,然后大肆争执。

该校女生们见状,就成立了自己的"讨论者"社团。她们在聚会时,也互相阅读作品,但批评很少,即便有批评也是和风细雨、积极向上的。更多的是互相鼓励,即使是微不足道的努力也会得到大家的肯定。

二十年后,学校对两个社团的成员进行调查,结果发现,他们在文学方面的成就竟有天壤之别。"扼杀者"中没有一个取得突出的文学成就,而"讨论者"中出现了六个作家,有的甚至闻名全国。

【哲理小语】

俗话说:"近朱者赤,近墨者黑。""扼杀者"相互扼杀,"讨论者"相互提携。一个人的成长,内因是根本原因,但外因也是不可忽视的重要条件。

在生活中,朋友之间、家人之间、同事之间,都要以一种"讨论者"的态度互相对待,而不能以"扼杀者"的态度相互指责。这样既能使气氛融洽,又能促进大家共同进步。

93 勤奋的画家

门采尔是德国著名的油画家和版画家。他十三岁开始作画,非常勤奋刻苦。他的画较早地反映了德国工人阶级的生活,泥水匠、马车夫、磨刀人、油漆工、修车工等,在他的笔下都栩栩如生。他曾用四年时间精心创作了一幅《轧钢工厂》的画作,这幅作品一经问世便轰动了全国。

当时,有一个年轻人也经常作画,但他的画总是长时间卖不出去。他看到门采尔的画总是被人们抢购一空,就去找门采尔,请他介绍成功的秘诀。门采尔告诉青年画家:"我的秘诀,那就是多看多画。"青年画家说:"我画得也不少呀!有时一天就可画好几张,要卖出去往往得等上一年,这是为什么呢?"

门采尔笑着说:"这件事好办,你不妨倒过来试试。"青年画家莫名其妙:"先生,倒过来是什么意思?"门采尔一本正经地说:"对呀! 倒过来,就是要你用一年的时间去精雕细琢一幅画,你就或许一天把它卖出去了。"

青年画家苦笑着说:"一年画一张画,那多慢呀!"门采尔严肃地说:"画画是艰苦的劳动,是没有捷径可走的。"青年画家回去后,着实认真地画起来,他用了整整一年的时间画了一张画,果然不到一天就卖出去了。

【哲理小语】

这则故事告诉我们，不管从事什么样的事业，都要勤奋刻苦，不能急于求成，这样才能取得事业上的成功。

在现实生活中，人们往往吃一点儿苦并不难做到，难的是能够持之以恒。我们无论做任何事情，都不是一帆风顺的，若想做得出类拔萃更是会遇到很多艰难险阻。因此，一件事情要想一直做下去，必须有顽强的意志，必须重视量的积累。否则，将会一事无成。

94 垃圾中的财富

1974年，美国政府为了清理给自由女神像翻新留下的废料，向社会广泛招标。但几个月过去了，仍无人问津。远在法国旅行的一位犹太商人听到消息后，立即飞往纽约。当看到自由女神像下堆积如山的废旧铜块、螺丝和木料后，他没有提任何条件，当即签下合同。

这位犹太商人的举动令纽约商人纷纷嘲笑。因为在纽约，当地政府对垃圾处理有十分苛刻的规定，稍有不慎就可能触犯法律，更不用说还面临众多环保组织的监督了。

然而，就在大家等着看他的笑话时，犹太商人开始了他的清理工程。他组织工人将废料进行分类，然后把废铜熔化之后铸成小自由女神像，并用水泥块和废木料做底座；把废铅、废铝加工成纽约广场图案的钥匙型饰物。最后，他甚至还把从自由女神像身上扫下的灰尘都包了起来，准备出售给花店。结果，不到三个月的时间，犹太商人把那些"100%自由女神像纪念品"销往纽约之外，有的甚至畅销世界各地，让一堆废料变成了350万美元的现金。

【哲理小语】

世界上本没有垃圾,所谓的垃圾只是放错了地方的财富。美国自由女神像翻新留下的垃圾,在这位犹太商人眼里却变成了一笔巨额财富。

这则故事告诉人们,踩着别人足迹走路的人,永远不会留下自己成功的脚印。要想成功,必须有创新。唯物辩证法要求我们自觉树立创新意识,在创新中成功,靠创新持续成功。只有拥有与别人不一样的想法,才能脱颖而出,才能超越自己,从而超越对手们的竞争。

读故事　促成才

　　成才，即成为有才能的人。古人云："苦劳者成富，苦志者成名，苦学者成才。"人才成长是社会和个人共同努力的结果，需要主观与客观的协调一致。作为客观方面，社会要有育才的环境、氛围和机制；作为主观方面，个人要有成才的愿望、信心和行动。人人都有成才的潜能，这种潜能能否得到发挥和展现，首先取决于个人的努力。自信心、主动性、创新力是成才的决定性因素。

　　一个人能否成才必要条件主要有三：一是顽强的学习意志，二是良好的成才环境，三是博学多识的引路人。首先，我们必须具有百折不挠的学习品质，明确自己的学习目标，制订科学的学习计划，运用高效的学习方法。其次，我们必须有一个良好的成才环境。我们无论干什么工作，都需要静下心来完成，不能被外界环境所干扰，否则意志就会遭到破坏，注意力就会分散转移。最后，我们在成才过程中难免会遇到各种各样的困难和问题，这就需要有人来给你指点，以引导、帮助、监督、促使你成才。

95 造剑的人

有一位专门为楚国大司马造剑的工匠。这位工匠虽然上了年纪,但造出的剑依然锋利无比,光芒照人。

"您老人家年事已高,剑仍旧造得这么好,有什么秘诀吗?"大司马赞叹老匠人高超的技艺。

老工匠听了主人的夸奖,自豪地告诉大司马:"我在十几岁时就喜欢造剑。除了剑,我对其他东西全然不顾,不是剑就从不去细看,一晃就过了六十余年。"

大司马听了老工匠的自白,更是钦佩他的献身精神。

【成才小语】

老工匠虽然没有谈造剑的窍门,但他揭示了一条通向成功的道理。他几十年如一日地专注于造剑技艺,凭借执着的追求逐渐掌握了造剑工艺,从而达到一种高超的境界。有了这样的精神,哪有造剑不锋利不光亮的道理!

世上无难事,只怕有心人。精湛的技艺,丰硕的收获,事业的成功,都是靠专心致志、终身孜孜追求而取得的。

96 毛遂自荐

毛遂在平原君门下已经三年了,一直默默无闻,总得不到施展才能的机会。有一次,遇上秦国大举进攻赵国,秦军将赵国都城邯郸团团围住,情况十分危急。赵王急忙派平原君出使楚国,请求援助。

平原君到楚国去之前,召集他所有的门客商议,决定从这千余名门客中挑选出 20 名能文善武足智多谋的人随同前往。挑来挑去最终只有 19 个人合乎条件,还差一人却怎么挑也总觉得不满意。

这时,只见毛遂主动站了出来说:"我愿随平原君前往楚国。"

平原君一看,是平常不曾注意的毛遂,便不以为然。他对毛遂婉转地说:"你到我门下已经三年了,却从未听到有人在我面前夸赞过你,可见你并无什么过人之处。一个有才能的人就好像锥子装在口袋里,锥尖很快就会穿破口袋钻出来,人们很快就能发现他。而你一直未能出头露面显示你的本事,我怎么能带上你同我去楚国行使如此重大的使命呢?"

毛遂听了平原君的话并不生气,他心平气和地据理力争说:"您说的并不全对。我之所以没有像锥子从口袋里钻出锥尖,是因为我从来就没有像锥子一样放进您的口袋里呀。如果您早就将我这把锥子放进口袋,我敢说,我不仅仅是锥尖钻出口袋的问题,我会连整个锥子都像麦穗子一样全部露出来。"

平原君觉得毛遂说得很有道理且气度不凡,便答应毛遂作为自己的随从,连夜赶往楚国。

到了楚国,已是早晨。平原君立即拜见楚王,跟他商讨出兵救赵的事情。可是这次商谈很不顺利,从早上一直谈到了中午,还没有任何进展。面对这种情况,随同前往的其他 19 个人只知道干着急,在台下直摇头、跺脚、埋怨。唯有毛遂,眼看时间不等人,机会不可错过,只见他一手提剑,大踏步跨到台上,面对盛气凌人的楚王,毫不胆怯。他两眼逼视着楚王,慷慨陈词,申明大义。他从赵楚两国的关系谈到这次救援赵国的意义,对楚王晓之以理动之以情。他的凛然正气使楚王惊叹佩服,他对两国利害关系的分析深深打动了楚王的心。通过毛遂的劝说,楚王终于被说服了,当天下午便与平原君缔结盟约。翌日,楚王派军队支援赵国,赵国很快得到解围。

事后,平原君深感愧疚地说:"毛遂原来真是个了不起的人啊,他的三寸不烂之舌,可抵得过百万大军呀,可是以前我竟没有发现他。若不是你挺身而出,我可要埋没一个优秀人才了呢!"

【成才小语】

"毛遂自荐"的典故告诉我们,机会不会自己送上门来,我们要主动站出来,抓住每一个可以让自己发光发亮的机会,发挥自己的聪明才智。

这则故事还告诉我们自信的重要性。一个人想要成功,除了自身的刻苦学习之外,还要有信心,善于发现自己的优点,把自己最美好的一面展现给大家。命运掌握在自己的手中,有出众的才华,就要展示自己的才华。如果没有机会展示,就要积极地创造条件,为自己的脱颖而出做好充分的准备。

97 囫囵吞枣

从前,有几个人闲来无事,在一起聊天。一个年纪大的人对周围几个人说:"吃梨对人的牙齿有好处,不过,吃多了的话是会伤脾的。吃枣呢,正好与吃梨相反,吃枣可以健脾,但吃多了却对牙齿有害。"

人群中一个呆头呆脑的年轻人觉得有些疑惑不解,他想了想说:"我有一个好主意,可以吃梨有利牙齿又不伤脾,吃枣健脾又不至于伤牙齿。"

那位年纪大的人连忙问他说:"你有什么好主意,说给我们大家听听!"

那傻乎乎的年轻人说:"吃梨的时候,我只是用牙去嚼,却不咽下去,它就伤不着脾了;吃枣的时候,我就不嚼,一口吞下去,这样不就不会伤着牙齿了吗?"

旁边有一个人听了年轻人说的话,跟他开玩笑说:"你这不是将枣囫囵着吞下去了吗?"

在场的人都哈哈大笑起来,笑得那个年轻人抓耳挠腮,更显得傻乎乎了。

【成才小语】

这个年轻人自作聪明,如果按他说的办法囫囵吞枣的话,那枣如果被整个吞下去,自然难以消化,又怎能起到健脾的作用呢?我们学习科学文化知识也是这样,如果对所接受的知识不加以分析、消化、理解,那是得不到什么收益的。

在工作上,我们要"细嚼慢咽",切莫"囫囵吞枣"。细嚼慢咽,强调的是一个"嚼"字,而囫囵吞枣则侧重一个"吞"字,二者折射出不一样的工作作风。"嚼"是一个慢慢体味的过程,追求的是高吸收率,落脚点在"质"上,折射的是不骄不躁、脚踏实地的工作作风;"吞"则是一个求快的心态,追求的是"一口吃个胖子",落脚点在"量"上,折射出的是不求甚解、心浮气躁的不良作风。

98 南辕北辙

从前有一个人,从魏国出发,要到楚国去。他带着足够多的盘缠,雇了上好的车,请了驾车技术精湛的车夫,就上路了。然而,楚国在魏国的南面,但这个人未加思索便让驾车人赶着马车一直向北走。

途中,有人问他的车要往哪儿去,他大声回答说:"去楚国!"路人告诉他说:"到楚国去应往南方走,你这是在往北走,方向不对。"那人满不在乎地说:"没关系,我的马快着呢!"路人替他着急,拉住他的马,阻止他说:"方向错了,你的马再快,也到不了楚国呀!"那人依然毫不醒悟地说:"不打紧,我带的路费多着呢!"路人极力劝阻他说:"虽说你路费多,方向不对,这样只会离楚国越来越远。"那个一心只想着要到楚国的人有些不耐烦地说:"这有什么难的,我的车夫赶车的本领高着呢!"

路人无奈,只好松开了拉住车把的手,眼睁睁看着那个盲目上路的魏人向北而去。

【成才小语】

那个魏国人,不听别人的劝告,仗着自己的马快、钱多、车夫好等优越条件,朝着相反方向一意孤行。那么,他条件越好,他就只会离要去的地方越远,因为他的大方向错了。这则寓言告诉我们,无论做什么事情,都要首先看准方向,才能充分发挥自己的有利条件;如果方向错了,那么有利条件只会起到相反的作用。

在日常生活中,我们要大事上把准方向,要事上找准定位。我们常常看到有些人做事很努力,却总是不能成功,究其原因,是他们除了苦干之外,还没有找到努力的方向,还没有掌握做事的技巧。可见,只有找对方向,用对技巧,加以苦干,学习才会进步,理想才能实现,事业才能成功。

99 韦编三绝

在孔子很小的时候，他的父亲就去世了。由于家境清贫，他无法像富家子弟一样受到良好的教育。但是他热爱学习，便通过自学来获取知识。从十五岁开始，他便勤学苦读，由于没有专门的老师指导，遇到难题时他就向所有略懂知识的人请教。无论是当官的，还是寻常百姓；无论是白发苍苍的老人，还是梳着小辫的孩童，他都曾向他们请教过。孔子一心向学，虽然没有固定的老师，但在三十岁时已经成为当地颇有名气的学者了。

在那个时代，纸张还没有出现，竹子成了制作书籍的主要材料。人们通常是把竹子削成一片片的竹签，把上面的青皮轻轻刮去，用火烘干后，然后在上面写字，人们称之为"竹简"。竹简拥有一定的长度与宽度，一根竹简只允许写一行字，最多写几十个字，少则写八九个字。一部书的完成需要许许多多的竹简，书的内容全部写到竹简上以后，还要用极为牢固的牛皮绳子将这些竹片按照一定顺序编联起来，以便于阅读，这个过程就称为"韦编"。一部书的完成，常常需要几十斤甚至上百斤的竹片。如《易经》这样的书，自然是由许许多多竹简编联起来的，所以相当沉重。

孔子到了晚年时期才开始研读《易经》。《易经》这部书，是比较难读懂的，孔子下了很大的功夫，才把它读了一遍，但仅仅了解了它的基本内容。接着，他读了第二遍，才掌握了《易经》的基本要点。后来，他又读第三遍，这才对其中的精神实质有了较为透彻的理解。从此以后，为了深入研读这部书，同时也为了方便给弟子们讲解，他不知把《易经》翻阅了多少遍。这样下来，串联竹简的牛皮带子被磨断了好几次，只好换上新的牛皮带子继续研读。即便读到了如此地步，孔子还对人谦逊地说："如果我能再多活几年，我就可以把《易经》的文字与内容理解清楚了。"

【成才小语】

这则故事讲述的道理主要有三：一是学习要勤奋刻苦；二是学习要用心思考；三是重复学习是学习的一个重要方法。

孔子有句名言："学之不如好之，好之不如乐之。"其意思是说，懂得学习的人不如喜爱学习的人，喜爱学习的人不如以学习为乐的人。正因为孔子能够把苦学变成乐学，才最终成为千古圣人。

100 纪昌学射

甘蝇是古代出名的神箭手，他的箭术精湛无比，只要他一拉弓，射鸟，鸟落，射兽，兽倒。飞卫是甘蝇的学生，由于勤学苦练，他的箭术最终超过了他的老师。

有个人名叫纪昌，对飞卫的箭术仰慕已久，于是前来拜师学艺。飞卫对他说："你先要学会在任何情况下都不眨眼睛。有了这样的本领，才能谈得上学射箭。"纪昌回到家里，就仰面躺在他妻子的织布机下，两眼紧紧盯住一上一下快速移动的机件。两年以后，即便有人拿着针朝他的眼睛刺去，他也能做到目不转睛。

纪昌高兴地向飞卫报告了这个成绩。飞卫听后说："光有这点儿本领还不行，还要练出一副好眼力。极小的东西你能看得很大，模糊的东西你能看得一清二楚。有了这样的本领，才能学习射箭。"纪昌又回到家里，捉了一只虱子，用极细的牛尾巴毛拴住，挂在窗口，他天天朝着窗口目不转睛地盯着它。十多天过去了，那只因干瘪而显得更加细小的虱子，在纪昌的眼睛里却慢慢地大了起来。练了三年以后，这只虱子在他眼睛里竟有车轮那么大。他再看稍大一点儿的东西，简直就像一座座小山似的，又大又清楚。纪昌就拉弓搭箭，朝着虱子射去，竟然射中了，而细如发丝的牛尾巴毛却没有碰断。

纪昌高兴极了，向飞卫报告了这个新的成绩。飞卫连连点头，笑着说："功夫不负苦心人，你学成功啦！"

【成才小语】

这则故事告诉人们，学习任何知识和技艺，不费大力气的"窍门""捷径"是没有的，必须有顽强的毅力，由浅入深，循序渐进，打下扎扎实实的基础，才会得到真正的提高。

毅力是实现理想的桥梁，是驶往成才的渡船，是攀登成功的阶梯。毅力也叫意志力，是人们为达到预定的目标而自觉克服困难、努力奋斗的一种意志品质。当毅力与人的期望、目标结合起来后，它就会发挥巨大的作用。那么，怎样培养自己顽强的毅力呢？一是要有正确的动机；二是要从小事做起，逐步锻炼大毅力；三是要培养兴趣，激发毅力；四是要由易到难，增强锻炼毅力的信心。

101 墨子训徒

春秋战国时期，耕柱是一代宗师墨子的得意门生。不过，他总是受到墨子的指责。有一次，墨子又责备了耕柱，耕柱觉得自己非常委屈。因为在许多门生之中，大家都公认耕柱是最优秀的人，但他却常遭到墨子指责，这让他十分困惑。

一天，耕柱愤愤不平地问墨子："老师，难道在这么多学生当中，我竟是如此的差劲，以至于要时常遭您老人家责骂吗？"墨子听后，毫不动肝火，说："假设我现在要上太行山，依你看，我应该用良马来拉车,还是用老牛来拖车?"

耕柱回答说:"再笨的人也知道要用良马来拉车。"墨子又问:"那么,为什么不用老牛呢?"耕柱回答说:"理由非常简单,因为良马足以担负重任,值得驱遣。"

墨子说:"你答得一点儿也没有错。我之所以时常责骂你,也是因为你能够担负重任,值得我一再地教导与匡正你。"

【成才小语】

古人云:"玉不琢,不成器。"一个人穷其一生,能遇到几位用心雕琢璞玉的老师呢?如果真的遇到了,请记得珍惜,不要因为老师的责备而怨恨。因为,也许老师恰恰是在用这种方式来成就你自己。用感恩的心看待这一切,一切都会变得很美好。

"严师出高徒",是我国历史上备受推崇的一种教育理念,经历了几千年岁月的考验,的确发挥了不可低估的作用。作为一名严师,只是采取简单粗暴的教育方式是很难取得学生信服的,且严之过分,过犹不及。要真正取得"严师出高徒"的效果,还要严之有法,严之有度,严爱结合。

102 赵襄王学驾车

赵襄王向王子期学习驾车技巧,刚学不久,他就要与王子期比赛,看谁的马车跑得快。可是,他一连换了三次马,比赛三场,每次都远远地落在王子期的后面。赵襄王很不高兴,责问王子期道:"你既然教我驾车,为什么不将真本领完全教给我呢?难道还想留一手吗?"

王子期回答说："驾车的方法、技巧，我已经全部教给大王了。只是您在运用的时候有些舍本逐末，忘却了要领。一般说来，驾车时最重要的是使马在车辕里松紧适度，自在舒适；而驾车人的注意力则要集中在马的身上，沉住气，驾好车，让人与马的动作配合协调，这样才可以使车跑得快、跑得远。可是刚才您在与我赛车的时候，只要稍有落后，心里就着急，使劲鞭打奔马，拼命要超过我；而一旦跑到了我的前面，又时常回头观望，生怕我再赶上您。总之，您是不顾马的感受，这样怎么能驾好车呢？其实，在远距离的比赛中，有时在前，有时落后，都是很正常的。而您呢，不论领先还是落后，心情都十分紧张，您的注意力几乎全部集中在比赛的胜负上了，又怎么可能去调好马、驾好车呢？这就是您三次比赛、三次落后的根本原因啊。"

【成才小语】

这则故事告诫人们，无论做什么事，都要做到专心致志、心无杂念、全神贯注、集中精力、掌握要领、不计功利。如果过于患得患失，往往事与愿违。

该故事还说明，无论我们学习什么技艺、本领，仅仅掌握其方法、技巧是远远不够的，还要多多实习，多多实践，在学习中实践，在实践中学习。同时，也告诉人们，那些想"一口吃个胖子"的想法和做法，在现实生活中是根本不存在的。

103 后来者居上

汉武帝时期，朝中有三位有名的臣子，分别是汲黯、公孙弘和张汤。这三个人虽然同时在汉武帝手下为臣，但他们的情况却大不一样。

汲黯入朝为官时，资历已经很深且官职也已经很高了，而当时的公孙弘和张汤两个人还只不过是小官，职位很低。然而，凭借显著的政绩，公孙弘和张汤一步步地被提拔，直到公孙弘封了侯又拜为相国，张汤也升任御史大夫，两人的官职都超过了汲黯。

汲黯原本就业绩一般，加之心胸狭窄，眼看那两位过去远在自己之下的小官都已官居高位，心里很不服气，总想找个机会跟汉武帝诉说他的不满。

一日散朝后，文武大臣们陆续退去，汉武帝慢步踱出宫，正朝着通往御花园的花径走去。汲黯赶紧趋步上前，对汉武帝说："陛下，有句话想说给您听，不知您是否愿意听？"

汉武帝回过身停下，说："不知是何事，不妨说来听听。"

汲黯说："皇上您见过农人堆积柴草吗？他们总是把先搬来的柴草铺在底层，后搬来的柴草反而放在上面，您不觉得那些先搬来的柴草太委屈了吗？"

汉武帝有些不解地看着汲黯说："你说这些，是什么意思呢？"

汲黯说："您看，公孙弘、张汤那些人，论资历都在我之后，可现在他们却一个个后来居上，职位都比我高多了，陛下您提拔官吏不是正和那堆放柴草农人的做法一样吗？"

汉武帝听后，心中不悦，觉得汲黯如此简单、片面地看问题，是不通情理的。他本想贬斥汲黯，可又想到汲黯是位老臣，便只好压住火气，什么也没说，拂袖而去。此后，汉武帝对汲黯更是冷淡，他的官职也再无升迁。

【成才小语】

后来者居上，原是指处于后来的超过先前的，或有以称赞后起之秀超过前辈的说法。在当今社会，这一说法也寓意着一个人无论做什么事情都不要怕晚,只要积极努力,就会有机会超越。

诚然,一个人的才能高低与工龄长短和资历深浅有着一定的联系,但资历并不总是与实际才能成正比,资历同能力、水平成反比的现象也并不罕见。故汲黯的提拔人才一定要论资排辈、反对后来居上的观念,是根本不可取的。

104 编蒲抄书

西汉时期,有一位名叫路温舒的少年,他非常爱学习,可家里十分贫穷,没钱去读书,只好以替人放羊为生。

有一天,他赶着羊群来到一池塘边,看见一丛丛又宽又长的蒲草,灵机一动,采了一大捆蒲草背回家,晒干压平之后,切成与竹简同样的长短,编联起来。然后他向人家借书,抄写在这些蒲草上,做成一册一册的书。从此,他每次去放羊,身边都带着这种书,一边放羊一边读书,从中学到了很多知识。

后来,路温舒靠自学成了一个有学问的人。因为他精通汉书、熟悉法律,以后做了狱吏,最后官至临淮太守,成为历史上著名的法律专家。

【成才小语】

历史上有许许多多的伟人志士都是在艰苦的条件下,勤学不辍,终于学有所成。古人曰:"玉不琢,不成器。"一个人想要追求知识和美德,想要有所作为,就要有远大的志向和坚定的信念,勤奋读书、手不释卷。

如果说人生如画,书就是多彩的颜色;如果说人生如海,书就是奔涌的江河;如果说人生如山,书就是绵延的山峰。但凡学识渊博之人,大多都勤奋读书,唯有勤奋是最为质朴而又颠扑不破的读书之道。

105 书读百遍,其义自见 ///

三国时期,魏国有一个叫董遇的人,自幼生活贫苦,整天为了生存而奔波。但是,他只要一有空闲时间,就坐下来读书学习,因此知识很渊博。他的哥哥常常讥笑他,他却满不在乎。

随着时间的推移,他撰写了两本书,引起了轰动。别人问他读书有什么窍门,他说:"书读百遍,其义自见。"人们更加佩服他,他的名声也越来越大。

附近的人纷纷前来求教,问他是如何学习的。董遇告诉他们说:"冬者,岁之余;夜者,日之余;阴雨者,时之余。"学习要利用三余,也就是三种空余时间:冬天是一年之余,晚上是一天之余,雨天是平日之余。

人们听了,恍然大悟。原来就是要通过一切可以利用的时间来读书学习,以提高自己的整体水平。

【成才小语】

现在有些人总找借口说:"我白天那么忙,工作压力那么大,生活节奏那么紧,哪有时间学习?"其实,只要你自己愿意学习,时间总是可以挤出来的。

人的差别就在于业余时间。有个著名的"三八理论",就是一个普通成年人的一天应该分为"三个八小时":八小时工作,八小时睡觉,八小时自由安排时间。前面两个"八小时",大多数人都是一样的,并无多大变化。人与人之间最大的不同,就在于剩下的八小时你是怎么度过的。

106　红拂的成长价值

隋朝时期,有一个司空名叫杨素,早年渴望建功立业,雄心满满。很多人来投奔杨素,希望自己也能有一番作为。有一个名叫红拂的女侠,就是其中之一。但是随着时光流逝,杨素年华老去,慢慢变得昏庸懒散。红拂心中焦灼,却也无能为力。

有一天,白衣李靖慕名拜访杨素,献上了自己的书。杨素依然不为所动,红拂却为这个青年的才华和志向所震惊。她果断舍弃杨素,投奔了李靖。她筹募粮饷,聚拢人脉,辅佐李靖,帮李渊父子平定江南,建立了大唐。随着李靖战神之名响彻神州,红拂也因此名垂青史。

【成才小语】

心理学上有个著名的"均值原则"。大意是:你的成就,就是你身边五个朋友的平均值。也就是说,你最常接近的五个人的平均值,就是你的价值。鸟随鸾凤飞能远,人伴贤良品自高。一个人只有接近比自己优秀的人,才能获得成长的机会和契机。

《破圈》里有一个说法:如果你不能在一个关系圈里获得成长价值的时候,就必须果断换个圈子。立身成败,在于所染。有什么样的朋友,就有什么样的未来。一个人懂得向上社交,与那些比自己厉害的人为伍,才能不断完善自我,成就自我。

107 书圣王羲之

王羲之是古代著名的书法家，被后人尊称为"书圣"。他13岁那年，偶然发现父亲藏有一本《说笔》的书法书，便偷偷拿来阅读。他父亲担心他年幼不能保密家传，答应待他长大之后再传授。但王羲之竟跪下请求父亲允许他现在阅读，他父亲很受感动，终于答应了他的要求。

王羲之练习书法很刻苦，甚至连吃饭、走路都不放过，真是到了无时无刻不在练习的地步。没有纸笔，他就在身上写，久而久之，衣服都被划破了。有时练习书法达到了忘情的程度。有一次，他练字竟忘了吃饭，家人把饭送到书房，他竟用馒头蘸着墨吃起来。当家人发现时，他已是满嘴墨黑了。王羲之常临池书写，就池洗砚，时间长了，池水尽墨，人称"墨池"。

有一段时间，人人都夸他的字写得好，他也自鸣得意起来。有一天，他到一家饺子馆吃水饺，发现水饺都是从墙那边一个个扔过来的，而且十分准确地扔在锅里。他十分好奇，绕到墙后一看，见是一位老太太在包饺子，包好后，头也不抬就扔过墙去，竟没有一个掉在锅外。王羲之问她有何秘诀，她说："这有什么，只是熟练罢了！"王羲之听后，觉得自己的字远没达到这种熟练程度。于是他更加严格地要求自己，终于成为千古书法大师。

【成才小语】

王羲之的成名不是偶然的，天才是百分之九十九的努力加上百分之一的灵感。要想得到丰硕的收获，必须付出百倍的努力。因此，一个人做任何一件事，只有持之以恒、坚持不懈，才能做出更大成绩。

一个人懂得谦虚才有进步的空间,试想如果王羲之没有碰到那位包饺子的老人,他就不会意识到自己的差距,也就没有后来的刻苦努力,而我们现在也就看不到《兰亭集序》这样的书法墨宝了。

108 以人为镜

唐太宗是一个文武双全、英明盖世的皇帝,但人非圣贤,孰能无过。在他身边有两位监督他言行的"明镜":一位是贤淑智慧的长孙皇后,另一位是忠义贤良的魏徵。皇上一有过错,他们就会立即巧妙地指出来。

唐太宗曾有一只喜爱的小鹞子,一日正在宫中玩赏,魏徵来了,唐太宗担心魏徵指责自己,赶快把小鸟藏到怀中。魏徵假装没看到,故意留下来与他商谈国家大事。唐太宗心里虽为鸟着急,却又怕暴露,因为他信任、敬畏魏徵。等魏徵走后,唐太宗取出怀里心爱的小鸟一看,小鸟早已命归黄泉了。于是伤心地回到后宫,大发雷霆说:"我非杀掉这个田舍翁不可!"皇后闻之,问明原委,立刻穿上大礼服向唐太宗行礼道贺:"恭喜陛下,贺喜陛下! 唐朝有魏徵这样的好臣子,又有您这样的好皇帝,这是有史以来没有过的好现象,国家兴盛指日可待。"唐太宗听了皇后的话,渐渐平息了怒气。

唐太宗经常"以人为镜"观察自己,真正做到了勇于改过、从善如流。后来魏徵死了,唐太宗惋惜地说:"以铜为镜,可以正衣冠;以古为镜,可以知兴替;以人为镜,可以明得失。而今魏徵不在了,朕就少了一面镜子。"

【成才小语】

　　这则故事告诉人们，身体的仪表妆容，可以用镜子来观察。而自己的心态行为，就要靠别人来监督，或靠自身来反思。一旦发现了自身的错误，就要立即改正。

　　能得到旁人的监督、提醒，并能指出自己的过失，是难能可贵的事。若是具有德行的智者能指出你的过失时，就可以推知自己肯定有过失，应反观自己，力图改正，并真诚地感谢指责自己的人，也应万分珍惜这种福报机缘。

109　铁杵磨针 ///

　　唐朝著名诗人李白小时候从不认真读书，经常把书本抛在一边就出去玩耍了。在一次逃学的路上，他遇到一位白发苍苍的老婆婆，坐在小河边用劲磨一根碗口粗细的铁棒。他很奇怪，就走上前问："老婆婆，您这是在干什么呢？"老婆婆把脸上的汗水擦了擦，说："我想把它磨成一根绣花针。"

　　李白感到很好笑，说："这么粗一根铁棒，您哪年哪月才能把它磨成一根针呢？"

　　老婆婆信心十足地说："只要功夫深，铁杵磨成针。"

　　李白听后，触动很大。于是，他立马回去继续学习，终于完成了学业，成了我国历史上著名的大诗人。

【成才小语】

　　这则故事告诉我们，要干成一件大事，必须有坚忍不拔的意志和持之以恒的决心。一个人只要有决心与耐力，经过艰辛的努力，终究是可以取得成功的。

　　故事中的老婆婆说:"只要功夫深,铁杵磨成针。天下无难事,只怕有心人!"毛泽东也曾说过:"世上无难事,只要肯登攀。"其意均为:只要有决心,肯下苦功夫,再大的困难也可以战胜,再难的事也能够最终取得成功。

110　心正则笔正

　　唐朝有位著名书法家叫柳公权,他自幼便对书法有着浓厚的兴趣,尤其擅长楷书。有一天,柳公权和几个小伙伴举行"书会"。这时,一个卖豆腐的老人看到他写的几个字:"会写飞凤家,敢在人前夸。"老人皱了皱眉头,说:"这字写得并不好,好像我的豆腐一样,没筋没骨,还值得在人前夸吗?"柳公权一听,很不高兴地说:"有本事,你写几个字让我看看。"

　　老人爽朗地笑了笑,说:"不敢,不敢,我是一个粗人,字写得不好。可是,我知道有人用脚写的字都比你的字好得多!不信,你到华京城看看去吧。"

　　第二天,柳公权起了个大早,独自去了华京城。一进华京城,就看见一棵大槐树下围了许多人。他挤进人群,只见一个没双臂的黑瘦老人赤着双脚坐在地上,左脚压纸,右脚夹笔,正在挥洒自如地写对联,笔下的字迹似群马奔腾,博得围观的人群阵阵喝彩。

　　柳公权"扑通"一声跪在老人面前,说:"我愿意拜您为师,请您告诉我写字的秘诀……"老人慌忙用脚拉起柳公权说:"我是个孤苦的人,生来没手,只得靠脚巧混生活,怎么能为人师呢?"柳公权苦苦哀求,老人才在地上铺了一张纸,用脚写了几个字:"写尽八缸水,砚染涝池黑;博取百家长,始得龙凤飞。"

柳公权把老人的话牢记在心,从此发奋练字。手上磨起了厚厚的茧子,衣服补了一层又一层,经过苦练,他终于成为一代书法大家。

柳公权不仅字写得好,其为人也和他的字一样,铁骨铮铮,正直不阿。据说,有一次,柳公权在写字,唐穆宗边看边连连赞叹,惊诧地问:"你的字怎么写得这么好?能告诉我练书法的秘诀吗?"柳公权毫不犹豫地回答:"用笔在心,心正则笔正!"即写字的诀窍在于心,心不清净、不端正,字也不可能写得漂亮。

【成才小语】

一个人无论做任何事情都需要一心一意,勤学苦练,才能成功。《弟子规》中说:"墨磨偏,心不端,字不敬,心先病。"意思是说:古人写字使用毛笔,写字前先要磨墨。如果磨墨时心不在焉,墨就会磨偏;同样地,如果写出来的字歪歪斜斜,就表示你浮躁不安,心定不下来。

一个人写的字,能反映出内在的智慧。假如字写得歪七扭八,让人难以辨认,那么这个人的心可能很乱;而如果字写得大方工整,那么可以推测这个人思路清晰,辨别能力较强。

111 韩亿和李若谷的陪伴价值

北宋时期的韩亿、李若谷,在考取进士之前,家里都很贫穷。他们二人结伴进京赶考,路上同吃同睡,共用一床草席和一条毯子。

到了京城，他们要去拜访别人，由于没钱请佣人，就轮流充当对方的随从。在那个繁华的京城中，别人锦衣玉食，他们稀粥冷炙;别人夜夜笙歌，他们连榻同读。尽管许多富家子弟因贫穷而嫌弃他们，他们却彼此扶持。偌大一个京城，二人就这样彼此陪伴，度过了人生最难熬的日子。

后来二人先后考中进士，他们又相互砥砺，彼此照拂，最终都做到了参知政事。为纪念二人当年起于寒微的友谊，两家和合，世代通婚。

【成才小语】

人的生命虽然本质上是独立存在的，却不是孤立存在的。人类需要在相互交往中寻求安慰和陪伴。离群索居者，不是神明，就是野兽。我们绝大部分人都是普通人，需要在人与人之间的连接中找到属于自己的位置和温暖。

余秋雨说:彼此为路，相持相扶，除此以外，不再有路。人是渺小的，需要彼此的陪伴来抵御孤独;需要彼此手拉手、肩并肩抵御风雪。我们需要彼此的确认，需要彼此的温暖。相伴而生，相依而存，免于寂寞，免于沉沦。

112 修一张灵巧的嘴

天津有位叫杨巴的商人，泡得一手好茶，当地人都爱去他那里喝茶。

有一次，李鸿章途经天津，有人推荐他去杨巴茶馆喝茶。当李鸿章看到杨巴端上来的茶里有黑色的东西时，立马愤怒地掀翻了碗。在座的顾客不知缘由,吓得大气都不敢喘一下。

杨巴心想,他一定是把茶里面压碎的黑芝麻当成脏东西了。他正想告诉李鸿章这是芝麻时,但转念一想,如果我这样说,不是当众让中堂大人没有面子嘛,定会有人借此讽刺他连芝麻都不识。

于是,杨巴急中生智,急忙跪在地上,连连磕头,说道:"小人不知道大人您不喜欢吃压碎的芝麻,您就大人不记小人过,饶了小人吧。"

李鸿章一听,这才恍然大悟,原来茶里放的是芝麻,心想这小子很聪明,用这种方式告诉了我实情,还维护了我的颜面。当下他无比欣喜,说不知者无罪,还赏了杨巴一百两银子。

【成才小语】

俗话说:"嘴巴富贵,福气自来,口吐莲花,富贵一世。"人的一生要想富贵,嘴巴得先富起来。你的嘴巴就是最好的风水,会说话的人,一辈子都会有福气。

试想杨巴没有一张巧嘴,直接说那不是脏东西,而是芝麻,后果会是怎样? 这则故事告诉人们,一个不会说话的人,往往很容易得罪人,甚至会为自己找来莫名的麻烦;而一个会说话的人,他们懂得什么话该说,什么话不能说,这样的人往往人际关系都处理得很融洽。

113 习惯经营人生

古时有父子二人相依为命,依靠打柴谋生。起初是父亲养活年幼的儿子,等到父亲年老力衰之时,儿子也长大成人了,于是孝顺的儿子就一心一意孝敬父亲。

父亲驾牛车很有经验，儿子则是打柴的一把好手，每次都是儿子上山打柴，然后一捆一捆地背下山，父子二人一起把柴装到车上。父亲驾牛车时，儿子则习惯性地坐在旁边，帮父亲看前面的山路。虽然父亲对于崎岖的山路已经熟得不能再熟了，可是每当暴雨过后，山上总有一些被暴雨冲坏的山路，有时甚至会有大块的石头从山上滚落到路边，而眼神不好的父亲很难注意到这些，所以儿子每次都要坐在一旁为父亲指明前面的道路。每当转弯时，儿子总是会及时提醒父亲："爹，转弯啦！"儿子渐渐形成了习惯，即使父亲每次都要回答一声"我知道，不用你提醒"，可是儿子仍然会在转弯时提醒父亲。

有一次，父亲生病了，大夫告诉他需要卧床休息几天。于是，儿子一人驾着牛车去卖柴。刚上车，他就发现自己坐在驾车的位置上十分不习惯，总想把身体挪到自己平时坐的地方，所以平时和父亲很好走的一段路这次似乎十分难走。到了一个弯道，儿子学着父亲的样子牵引手中的绳子让牛转弯，可是牛却始终不听使唤，任凭他用尽各种方法，牛仍旧一动不动。

到底是怎么回事？儿子百思不得其解。后来想了很长时间，他才想到也许有一个办法可以行得通，他左右看看无人，贴近牛的耳朵大声叫道："爹，转弯啦！"刚才那头倔强的牛开始听话地转弯，继续往前走。之后每逢路过转弯，如果他不这样喊，牛就绝对不听使唤。

【成才小语】

无论是牛还是人都会按照习惯去生活，一个人的成就原本应该由他的劳动和智慧决定，可是很多时候，人们却不得不承认，自己会走上怎样的人生道路常常是受习惯所控制。所以，聪明的人懂得培养自己良好的行为习惯，同时会用这些好习惯来经营自己的人生。

在人的一生中,我们会养成许许多多的习惯,有好习惯,也有坏习惯。好习惯,会成就一个好人生;坏习惯,则会毁了自己的一切。一个人只有从小养成各种好习惯,才能为自己的未来铺上一条平坦的大道,从而使自己走向成功。

114 伤仲永

古代有一个叫方仲永的人,在他很小的时候,就展现出了诗歌方面的才华,被人们誉为神童。

当地一些有钱人家经常邀请方仲永到家中做客,一方面是为了目睹一下这位神童的才华,另一方面也是为了彰显自己是爱惜人才的美名。每当方仲永离开时,那些有钱人家都会给一些钱财,以表达他们的赞赏和心意。

然而,方仲永的父亲是一个十分贪财的人,他把方仲永当成了一棵摇钱树。当没有人邀请的时候,他就领着方仲永主动登门拜访那些有钱人,以期获得一些钱财。

由于整天跟着父亲东家进西家出,方仲永的学业荒废了,他在诗歌方面的才华,也因缺乏正确的引导和培养,而逐渐消逝了。

方仲永长大后,人们从他身上再也看不到一点儿当初神童的影子。

【成才小语】

这则故事告诉人们,才华不等于成功。一个有才华的人,如果选对了人生发展的方向,就会比常人更快地抵达梦想的彼岸。但如果选错了方向,那么他就会与成功背道而驰。故事中的方仲永虽然小时候很有才华，但由于没有选择正确的发展道路，最终使自己成为一个没有作为的人。

在这个世界上，有才华而与成功背道而驰的人，比比皆是。这是由于他们选择的方向是不正确的，致使其不是毫无意义地浪费才华，就是使自己的才华渐渐地被埋没了。

115 张武龄的家教

民国初年，教育家张武龄，对子女的要求就十个字：独立之思想，自由之人格。在他的精心培育下，四个女儿个个出类拔萃，人生结局皆美满。

张武龄从未用"三从四德"来束缚女儿，反而极力倡导现代化教育，鼓励女儿释放天性，追求自我。

他经常带女儿们听戏曲、读诗书、办杂志，鼓励女儿们走出去见世面，大胆交朋友，嘱咐她们不可将自己拘于闺阁之中。

在张武龄的培养下，四个女儿长大后，不仅知书识礼、性格开朗，而且都在事业上取得了不小的成就。

【成才小语】

英国心理学家艾尔弗说："父亲对孩子的影响巨大，会一点一滴地渗入孩子的血液，嵌入孩子的灵魂。"这则故事告诉人们，父亲的眼界，决定了孩子探索生活的边界。父亲看得远，孩子飞得高。

我们要学习故事中的父亲，用魄力与担当，为孩子撑起可以翱翔的天地；用见识与智慧，丈量出一个家庭未来的发展之路。作为父亲，对孩子的成长要把握三点：一是关注孩子的身心健康，二是注重孩子的品德和习惯，三是关心孩子的学业和能力。

116 **人生不设限**

杨玉江从小就喜欢绘画,但由于出生在小山沟里的一个小村庄,条件有限,成年后又忙于生计,儿时的梦想一直没有机会实现。2020年,她的儿子顺利考入理想的大学,静下心来的时候,她开始思考、规划自己的后半生。如何让自己的人生更加充实和有意义,成为她心中的头等大事。

经过深思熟虑,她决定开启求学之路,开始追梦之旅。"70后"的她放下书包已经30多年,如果参加高考,一切要从零开始。于是,她整理学习资料,咨询高考政策,开始集中备考……她和高中生一样背起行囊,开展集训,上课时全神贯注,生怕错过老师讲的每一个知识点。

由于文化课的基础接近零,于是她就在家学习,找家教、上网课,每天早上五点半起床直到晚上十一点才睡觉,课程总是排得满满的。

在将近两年的时间里,她每天处于十几个小时的高强度学习中,这对于中年的她来说过于辛苦。但她却说:"相比我所获得的知识,这点儿辛苦并不算什么。"就这样,49岁的杨玉江坚持了下来,一点一滴地学习,一天一天地积累,终于在2022年顺利被河北师范大学美术与设计学院录取。

【成才小语】

"人生就要往前赶。"在纯粹的课堂上,杨玉江可以一心追寻着自己的画家梦。她坚信,机会是留给有准备的人的,她没想超越谁,只想做好自己。

我们常常听到这样一句话:"学习,永远不晚。"这句话出自高尔基之口,他告诉我们,只要你愿意学习,什么时候都不晚。然而,生活中总有人感叹:不行啊,无奈啊,没办法啊,因为来不及了……难道真的来不及了吗?既然无力改变又何必总是埋怨?如果对现状不满,又为何不去努力学习呢?

对于青少年朋友而言,你的人生才刚刚开始,只要你想学习,那么就没有什么来不及的。只要你立即行动,努力地去学习,你就能实现自己的梦想。

117 一张入场券

霍英东是香港知名的实业家。1945 年,抗日战争结束后,大批战后遗留物资堆积在香港岛上,当时的港英政府为了处理这些物资决定举行拍卖会进行拍卖。霍英东对其中的 40 台轮船机器很感兴趣,他的朋友嘲笑他说:"就凭你,就想买下那 40 台轮船机器?"

霍英东摸摸口袋,身上只有 15 港元,只能买一张拍卖会的入场券,但霍英东在心里告诉自己:"我并不是一无所有,我还能买一张入场券!"

霍英东找到一些开工厂的朋友,向他们推荐这 40 台机器,结果一个渔船修理厂的朋友愿意出 4 万港元购买。

这样一来,霍英东有了底气,用 15 港元买了一张入场券,以 1.8 万港元的价格拍下了这批机器,随后他收下朋友的 4 万港元,霍英东获得了平生的第一桶金——2.2 万港元。

【成才小语】

哪怕你的所有财产只够买一张入场券,这张入场券也可以开启你新的人生。生活中总会有一些意料之外的事情发生,这些事情与我们所追求的事事顺利恰恰相反,这可以说是人生的重大危机。这些危机的出现,一方面会给我们带来痛苦,另一方面,我们选择勇敢地面对现实,直面问题背后真实的自己,将解决问题的过程化为自己成长的契机。

118 万事自渡

《超级演说家》年度总冠军刘媛媛出身贫寒,父母靠种地供她上学。在高中之前,她的学习成绩并不突出,还因为说话有口音,经常被同学们嘲笑。然而,她并没有气馁,而是凭着不懈的努力和坚定的意志,考上北京大学,通过托福考试等。

正如她在演讲中所说的:"我们中的大部分人都不是出身豪门,我们都要靠自己努力拼搏,命运给你一个比别人低的起点,是想告诉你,让你用一生去奋斗出一个绝地反击的人生。"

【成才小语】

这则故事告诉人们,一个人无论是在学习、工作还是在生活中,都要做自己的太阳,无需凭借谁的光,这才是真正的强者。

万事自渡,是一种看清现实的强大。一个人岁月的列车滚滚向前,即使是最亲的人可以陪你一程,也陪伴不了你一世。路,终究还是要靠自己一个人走。凡事靠自己的人,都戒掉了依赖,降低了期待,看清了现实,活成了自己的屋檐。

119 被习惯锁定的行动轨道

　　一个孩子从小家境富裕,因此有条件接受到良好的教育。父母发现孩子在音乐方面很有天赋,于是就为他请了很有名的钢琴老师。钢琴老师很喜欢这个孩子,因为他发现这个孩子不仅聪明伶俐,而且很多其他同龄孩子难以理解的问题,这个孩子总是一点就通。

　　几个星期之后,这个孩子可以充分领会一些乐曲了;又过了几个星期,他可以弹奏一些稍有难度的乐曲了。渐渐地,这个孩子的弹奏技巧已经十分娴熟,当客人来家里的时候,他已经可以十分轻松地弹奏很多乐曲了。钢琴老师认为这个孩子是一个值得培养的艺术苗子,于是打算教授他更有难度的乐曲。可是这孩子却因为乐曲太难不愿意练习,父母也认为孩子的弹奏技巧已经够好了,不必再那么辛苦地练习如此高难度的乐曲了。于是孩子每天都弹奏那些他驾轻就熟的曲子。后来,索性不再每天练习弹奏了,因为他只要手指一碰到琴键,就会自然而然地按照习惯弹奏那些熟得不能再熟的曲子。

　　看到富有潜力的学生习惯性地弹奏那些难度一般的曲子,钢琴老师心里很不是滋味,他不知道怎样才能有效说服学生及其父母。

　　不久之后,全市少年钢琴比赛开始了,那个天资聪颖的孩子参加了钢琴比赛。可是在第一轮淘汰赛中,这个孩子就被淘汰出局了。钢琴老师观看了整个钢琴比赛,比赛结束之后,钢琴老师来到了孩子家,他没有讲其他参加比赛的孩子在比赛中的表现,也没有以任何方式安慰自己的学生,而是给学生和他的父母讲了这样一个故事:

有人将一只活蹦乱跳的跳蚤放到一个玻璃缸中进行实验。首先实验人员在玻璃缸的上方放了一片透明玻璃,这片透明玻璃的尺寸是实验人员专门根据玻璃缸的尺寸制作的,它正好可以与玻璃缸的内壁严严实实地相接。开始的时候这只活跃的跳蚤使尽力气向上跳,结果每次都被上面的玻璃碰得生疼。在经过几次碰撞之后,跳蚤变得"聪明"起来,它每次跳的高度都不会到达透明玻璃所在的位置。接下来,实验人员又将玻璃向下移了一寸,情形还像刚才那样,跳蚤开始时依然频繁碰撞,不过后来它就不再被碰了,因为它跳的高度不再达到玻璃所在的位置。之后,每当跳蚤习惯了前一次的玻璃高度时,实验人员就会将玻璃向下移动。移到后来,跳蚤每次只能跳到不足一寸的高度了。最后,实验人员将玻璃缸里面的玻璃撤除,可是跳蚤仍然只能跳到不足一寸的高度。尽管上面没有了东西遮挡,可是跳蚤却已经习惯了这样的跳跃。

在讲完故事之后,钢琴老师意味深长地对学生说道:"一只活蹦乱跳的跳蚤,它今后的生命高度就这样被习惯设了限。生活中的很多事情其实都是这样的,你的艺术高度就是这样被习惯锁定的。如果你情愿被习惯所束缚,那么生命的高度又何尝不是如此呢!"

说完之后,钢琴老师告诉这个孩子自己要去某著名音乐学院继续深造。受到启发的这个孩子重新振作起来,刻苦练习,最终成了该市小有名气的钢琴演奏家。

【成才小语】

这则故事告诉人们,若不想轻易地受到习惯的束缚,就要有勇气不断超越自己,使自己不受外界环境的限定。

作为一个有头脑、有毅力的人,一旦发现自己已经或正在习惯于某种轨道或范围活动,如果还想往更高、更广的境界,那就要有意识地克服已经养成的习惯。不要以为习惯一经养成就无法克服,要知道,既然我们可以养成这样的习惯,那么为什么不可以用另外一种更优秀的习惯呢?

120　欧阳雪的致富路

电视剧《天道》里,王庙村是出了名的贫困村。村民们有的靠种地、干零活勉强维生,有的哭穷卖惨,等着发放扶贫款。结果,村民的日子越过越差,有的甚至连一年四块钱的电费都交不起。而同样出身贫苦的欧阳雪,却从底层服务员一步步逆袭成了大老板。

欧阳雪在饭店端了几年盘子,发现打工仅够解决温饱问题,难以发家致富。于是,她决定借钱创业,开起了自己的馄饨摊、小饭馆,赚到了第一桶金。当丁元英去王庙村开音响厂时,村民们只懂得出苦力,拿时间换钱。欧阳雪却积极了解行业发展,大胆地投资入股,成了工厂的股东。

当音响厂的运转出现问题时,不少村民都在祈求神灵保佑他们渡过难关。而欧阳雪却努力找寻解决办法,和丁元英一起承担责任,帮助公司转危为安。到头来,固守"等靠要"的村民们,浑浑噩噩地穷了一辈子,不断迭代自我的欧阳雪,则顺利当上了公司董事长。

【成才小语】

《终生成长》里说:"人和人命运的不同,往往不在于智商和天赋,而在于思维的边界。"思想固化,习惯认命,永远走不出脑海中的牢笼;思路开阔,敢于挑战,才有可能蜕变成命运的主人。

人和人之间,为什么差距会那么大,而且越来越大?作家古典给出过这样一个答案:你看世界的角度,决定了你的样子。跳出思维的栅栏,你的认知半径有多大,你走的路就有多宽广。

121 陆鸿靠德行发家

陆鸿出身贫苦,并患有脑瘫,年轻时难以找到合适的工作。后来,他接触到了网络,开始自学制作视频和相册模板。学成不久,有位老人找上门来,请他做一本电子相册。这位老人热爱摄影,曾担任过摄影老师,准备把相册当作金婚礼物送给妻子。

陆鸿被二老的爱情深深打动,又看到老人行动不便,说什么也不肯收费。老人连连道谢,称赞他心地善良。了解到陆鸿生活困难、收入低微,老人主动提出可以免费教他摄影。在老人的指导和帮助下,他转行当起摄影师,还开了一家照相馆。而这家生意红火的照相馆,也成了陆鸿人生重要的转折点。他攒够积蓄,创办了制作影集和相册的工厂,如今已身家千万。

【成才小语】

这则故事告诉人们,与人为善,方能种下善因;宽厚待人,才会广结善缘。一个始终心存善念的人,就算堕入黑暗,也有重见天日之时。正如《菜根谭》中所言:"天薄我以福,吾厚吾德以迓之。"纵使大自然不肯赐福于你,只要你处处积德行善,好运终将不请自来。

商界有这样一种说法:能力达到七十分,德行真诚达到一百分,才有可能走向成功。可见,德行是人生之根本,也是一个人好运的重要来源。

122 蔡志忠的成功

知名漫画家蔡志忠,原本只是个没有文凭的乡下少年。小时候,他发现自己有绘画天赋,便下定决心要靠画画为生。他没有停留在空想上,而是在初二那年就开始给各大出版社邮寄作品。他一家一家地投稿,最后与一家出版社顺利签约,正式成为了一名职业漫画家。

工作几年后,他渴望跳槽到更好的出版社,但无奈自己的条件达不到对方的招聘要求。但他没有灰心丧气,而是直接带着作品去出版社应聘。一连被面试官拒绝几次后,他干脆每天守在老板的办公室门口。老板欣赏他的果断和韧劲,给了他一个面试的机会,并破格录取了他。

成名之后,他又想转型做动画导演,便立即开始学技术、找团队、画分镜。在边学习边操作的过程中,他拍摄的作品荣获金马奖,还创建了自己的动画公司。

【成才小语】

有人问蔡澜:"先生,您觉得对您影响最大的是哪一句话呢?"蔡澜回答:"做,机会五十;不做,零。"任何事情,只想不做,终是大梦一场;立即行动,才可能如愿以偿。

这则故事告诉人们,先行动起来,是在梦想与现实之间建立的最短路径。唯有放手去做,你内心的迷茫、预设的困难、对结果的担忧,才会一一迎刃而解。俗话说,刀在石上磨,人在事上练。考虑一万次,都不如去行动一次。从你大步向前走的那一刻起,梦寐以求的一切,正在朝你的方向奔赴而来。

123 屈辱中的明星梦

起初,他在香港一家片场跑龙套,名不见经传。由于从小在戏班学得一身好功夫,加上刻苦勤奋,几年下来,他成为演员和武术指导,逐渐崭露头角。然而,尽管事业有所起色,但他没有骄傲,依然怀揣着成为影星的梦想。

在一部电影中,他饰演的是男主角。饰演女主角的是一名当红女星,女星感觉同一个无名小辈演对手戏有失身份,大为不满,从心底里瞧不起他。一天,女星竟当着他的面对编剧说:"那个大鼻子、小眼睛的人,谁会喜欢他呀?"这哪里是挖苦,更是赤裸裸的人身攻击。泪水在他的眼眶里打转,可是他还得强装笑脸给她鞠躬。他的心被深深地刺痛了,深感自卑。的确,自己个头不高,相貌也不够英俊。真的不行吗?那一次,他几乎想过放弃电影事业。

还有一次,他想找大侠为自己量身写剧本。大侠是香港著名的武侠作家,红极一时,嗜酒如命。通过朋友牵线搭桥,好不容易请到了大侠吃饭。席间,为表诚意,他频频敬酒,喝得烂醉如泥,跑到洗手间差点儿把肠子都吐了出来。然而为了剧本,吃这点儿苦头算不得什么,他洗完脸回来,毕恭毕敬地坐在那儿,等候大侠的答复。哪知酒足饭饱后,大侠只扔下一句话,头也不回地就走了:"我的剧本都是写给帅哥的。"然而,大侠尖酸刻薄的嘲讽挖苦,非但没让他感到自卑,反而激起了他无穷的斗志。他暗暗发誓:你们越是瞧不起我,我越要努力,一定要做给你们看,一定要让你们为自己的话后悔。

后来发生的一件事足以证明,他做到了,而且做得非常成功。他受邀去参加一个颁奖典礼,许多好莱坞大牌影星云集于此。他有些底气不足,因为他没看到熟悉的朋友,只好规矩地站在一旁。出乎意料，那些大牌影星竟然主动排好队，一一上来同他握手。他恍然大悟："哦，原来我才是大明星。"

从艺42年来，他发奋努力，拍了80多部电影，重伤29次，但从未趴下。他在全世界拥有二亿九千万铁杆影迷，还是唯一一位把手印、鼻印留在好莱坞星光大道上的中国演员。

【成才小语】

任何伟大的人物和事业都有一个微不足道的开始，也许我们暂时渺小，也许我们暂时幼稚，也许我们暂时卑微。可不要忘了，这仅仅是暂时。

这则故事告诉人们，志当存高远，位卑不忘发奋。无论何时何地都要相信自己，因为没有人可以阻挡你的成功。

124 招聘启事

广州某公司在报纸上刊登了一则招聘营销人员的启事，其中详细列出了应聘条件、工资待遇以及参加笔试、面试的具体要求。然而，启事从头看到尾，就未提及应聘的联系方式。

这确实令人感到奇怪，因为招聘启事通常会包含联系方式，以便应聘者咨询和投递简历，不少人认为这是招聘单位疏忽或是报社排版错误，于是，便耐心等待报社刊登更正或补充说明。但也有三位应聘者见招聘的岗位适合自己，便主动找到招聘单位的联系方式：小王通过互联网，在电脑上输入公司名称，轻松地搜到了包括通讯方式在内的所有公司信息；小张则通过114查号台，查出了该公司的办公电话，通过向公司办公室人员咨询,取得了联系方式;小刘查找联系方式的办法则更是颇费了一番周折,他依稀记得该公司在某商业区有一个广告牌,于是骑车围着城区转了一下午,终于找到了广告牌,获得了公司的地址和邮编。

招聘启事刊登的第三天,多数应聘者还在焦急地等待报纸上的更正和补充时,小王、小张和小刘三人的求职信及有关招聘材料已经寄到了公司人事主管的手中。

此后,人事主管与小王、小张和小刘相约面试。面试时,公司老总对三位应聘者的材料和本人均表示满意,当即决定办理录用手续。三人为如此轻松应聘而颇感蹊跷:招聘启事中不是说要进行考试吗? 带着这一疑问,他们向老总请教。

老总拍着他们的肩膀说:"我们的试题其实就藏在招聘启事中,作为一个现代营销员,思路开阔、不循规蹈矩是首先应具备的素质。你们三人机智灵活,短时间内能另辟蹊径,迅速找到公司的联系方式,这就说明你们已经非常出色地完成了这份答卷。"

【成才小语】

这则故事告诉人们,做事无常势,不懂得另辟蹊跷者,将很难取得成功和荣耀。人生的道路千条万条,条条大路都能通罗马,每条路都是我们的选择之一。所以一旦这条路行不通,不要犹豫,立即换一条路,要探索出一条适合自己的路。

生活中,只会盲从他人,不懂得另辟蹊径者将很难赢得属于自己的成功和荣耀。人生很多时候,当你专注于走一条路时,往往忽略了其他的选择。而如果你选择的那条路不是自己擅长走的,那么心理上的压力会让你变得更加茫然,更加找不到方向。所以该放弃的就放弃,千万不要有丝毫的犹豫和留恋,并迅速踏上另一条能通向成功的旅途。

125 不受别人的意见影响

　　演员王骁，其母亲是老戏骨，父亲也是资深演艺工作者。他从小就对表演有着极大的兴趣，只要到排练厅看演出，生性好动的他就会变得分外安静。除了看表演，他还喜欢自己编故事，给动画片配音，神情、动作都模仿得惟妙惟肖。

　　八岁那年，珠江电影制片厂筹拍一部电影，导演选中他在剧中饰演一个小角色。他知道后欣喜若狂，在家中反复琢磨角色。可直到在广播中听见戏已开拍了，他才知道母亲替自己推掉了这个角色。得知真相的他，在家里号啕大哭，可母亲坚持不让他演戏，只想让他成为一个普通人。

　　尽管如此，他演戏的梦想并未被浇灭，而是暗暗在心中生根发芽。高中毕业后，他远赴加拿大学习三维动画，母亲长舒一口气，以为他会找一份专业对口的工作，过上普通人的生活。殊不知，他对未来已经有了规划：找一份做影视后期的工作，慢慢等演戏的机会。为此，他还专门减重 60 多斤，只为让自己更上镜。

　　母亲看到了他想演戏的决心和恒心，也不再干涉他的梦想，而他也终于能毫无负担地进入影视圈。如今的他，塑造了许多深入人心的角色，成为人人喜爱的"剧抛脸"。

【成才小语】

　　许多人终其一生，都不知道自己想要的是什么，而明白自己内心真实需求的人，无疑是幸福的。所以，若为了他人的意见去改变自己的人生理想，即使你最后过得也很好，但依旧会有些许遗憾。

因为那样的人生,不是你想要的人生。别人的开心和满意,代替不了你内心的欢喜。

这则故事告诉人们,自己认定的事情,一定要全力以赴地去实现。这样活着,即使不太完美,也是一种圆满。

126 自信就是与众不同

瑞士银行中国区主席兼总裁李一,在1988年去美国迈阿密大学留学时,选择了体育管理专业。他发现那是"属于富人玩的游戏",与自己的职业规划不符,于是在离毕业还有半年时,毅然报考沃顿商学院。

美国沃顿商学院是世界首屈一指的商学院,李一考得并不轻松,前后面试了三次,始终未收到明确的录取通知。最后一次面试,他干脆在考场上直截了当地问主考官:"如果我没有被录取,最可能的原因是什么?""很可能是因为你没有工作经验。在美国,商学院录取的前提条件是要有商务工作经验。"

李一做出的反应不是承认自己的不足,或者说"我会如何改变自己的缺点",而是立刻反驳:"按你们的招生材料所说,沃顿作为世界最优秀的商学院之一,肩负着培养未来商务领袖的重任。但世界各国发展很不平衡,如果按你们现在的做法,商务成熟的国家会招生特别多,像中国这样的发展中国家可能一个也不招,这跟沃顿商学院的办学宗旨是自相矛盾的。"

出人意料的是,李一的反驳竟得到了主考官的欣赏。面试出来后,招生办主席秘书给李一打来电话:"主席对你的印象特别好,认为你很自信且与众不同。"在当年52个申请该校的中国学生当中,李一成为唯一被沃顿商学院录取的中国学生。

【成才小语】

由于李一的自信和与众不同，使他破格被沃顿商学院录取。这则故事告诉我们，自信是成功之基，成功离不开自信。在生活中，我们应该相信自己，在通往成功的道路上勇往直前。

如何培养自信呢？一要培养耐心；二要习得并精通一种技能；三要相信积累的力量；四要了解自己的局限；五要凡事都提前做足功课；六要注意细节；七要培养自己从容的态度；八要关心身边的人；九不要轻易追求完美；十要尽量独立，并承担必要的责任。

127　自主招生考题

复旦大学自主招生时，老师给学生出了一道题目，要求学生出一道题，而这个题目，必须满足两个条件：第一，要让现场评委老师回答不出来；第二，必须有唯一的标准答案。很多学生出的问题，都被评委们——化解了。试想，哪一个高中水平的考生有能力出一个难倒众位大学教授评委的问题呢？

但是，有一个考生独辟蹊径。到了他回答的时候，他很镇定地对评委们说："老师们，请问你们知道我爷爷的名字吗？"

听到这个考生的问题，现场鸦雀无声。是啊，这是一个唯一的而且有标准答案的问题，也是一个评委都回答不上来的问题。

【成才小语】

很多人说，这个题目是独辟蹊径的经典。它告诉我们，在知识的考场上，没有人可以站到最后，风景总在奇异的地方。

这则故事告诉人们，生活中的智慧无处不在，只要我们勇于思考，只要我们能够时刻提醒自己另辟蹊径，路就在你的脚下。

128 如何赢得掌声

有两名年轻的杂技演员,他们刚出师不久,即将迎来人生第一次参加演出的机会,这让他们既兴奋又紧张。两人知道机会来之不易,因此比以前更加刻苦地训练。

演出当天,两名杂技演员表演了他们的绝活——"抖杠"。只见男演员轻身一跃,便跃上了细长的竹竿。他的同伴——一位身材娇小的女演员,随即也像燕子一样跃上了竹竿。他们开始在细细的竹竿上做各种惊险的动作。随着竹竿的抖动幅度越来越大,两位杂技演员跳起的高度也越来越高,观众的神经都紧绷着……好在表演很成功,最后当这两名演员跃下竹竿时,全场掌声雷动。下台后,大家本以为两位演员会是一脸汗水,神情兴奋,然而他们却平静如水。有人问男演员:"台下的掌声那么热烈,你们怎么还这么镇静?难道不为自己第一次表演成功而特别兴奋吗?"

男演员坦然地回答道:"在台上表演时,我们耳朵里全部塞着棉花,根本就听不到观众的掌声。"见问话的人不明所以,他笑着一语道破:"如果我们时时听到观众的掌声,就会干扰自己的正常发挥。在学徒的时候,师父就说了,只有听不到掌声,才能赢得掌声。"

【成才小语】

这则故事告诉人们,只有一心一意做好自己该做的事,才能赢得最终的胜利。在生活中,我们无论做什么事情,都要学会一心一意地去做,要全身心地把这件事情做好。

一个人不仅要养成专注于干工作的习惯,而且还要把专注于工作看成是自己的使命。当今时代，做事是否专注，已成为衡量一个人职业道德的标准之一。一些企业文化提倡"爱岗、敬业"，倡导"干一行，爱一行，专一行"，而我们在工作中若能够做到全身心地投入，就是爱岗敬业的最好诠释。

129　俞敏洪的气场

　　俞敏洪出生在农村，考进北京大学的第二天，他看到舍友床上一本厚厚的《第三帝国的兴亡》，不禁脱口而出："大学还需要读这种书啊?"看书的同学抛来一个白眼，立马让俞敏洪自卑地认为自己已被同学拉开了巨大差距。从没接触过课外书的他，显然已在视野维度、知识层面上被其他同学远远甩在身后。

　　在接下来的校园生活中，他无论怎么追都追不上其他同学的步伐。这种内心的压力和自责，甚至让他生了一场大病。然而在他生病住院期间，他读了很多书，这些书籍让他变得自信、清醒起来，有了一百八十度的大转变。心病解决了，身体的病自然也就痊愈了。

【成才小语】

　　无论面对何种困难和挑战，持续学习和自我提升都是帮助我们克服困难、实现个人成长的重要途径。通过不断学习，我们可以拓宽自己的视野，提升自己的能力，从而更好地应对生活中的各种挑战。同时，自我提升也能够增强我们的自信心和内心力量，让我们在面对困难时更加坚定和从容。

130　保险销售员的故事　///

在一堂培训课上，有个同学举手问老师："老师，我的目标是想在一年内赚 100 万，请问我应该如何规划以实现我的目标呢？"老师便问他："你相不相信你能达成？"他说："我相信！"老师又问："那你知不知道要通过哪个行业来达成？"他说："我现在从事保险行业。"老师接着又问他："你认为保险业能不能帮你达成这个目标？"他说："只要我努力，就一定能达成。"

老师说："我们来看看，你要为自己的目标做出多大的努力，根据我们的提成比例，100 万的佣金大概要做 300 万的业绩。一年 300 万业绩。一个月需要 25 万业绩。每一天需要 8300 元业绩。"老师接着问道："每一天 8300 元业绩，大概需要拜访多少客户？"同学回答："大概要 50 个人。"老师接着分析："那么一天要 50 人，一个月要 1500 人；一年呢？就需要拜访 18000 个客户。"

这时老师又问他："请问你现在有没有 18000 个 A 类客户？"他说没有。"如果没有的话，就要靠陌生拜访。你平均一个人要谈上多长时间呢？"他说："至少 20 分钟。"老师说："每个人要谈 20 分钟，一天要谈 50 个人，也就是说你每天要花 16 个小时在与客户交谈上，还不算路途时间。请问你能不能做到？"他说："不能。老师，我懂了。这个目标不是凭空想象的，是需要凭着一个能达成的计划而制定的。"

【成才小语】

这则故事告诉人们，目标不是"拍脑袋"就可以制定出来的。目标的达成需要成熟的工作思路和明确的工作计划支撑，而工作计划的有效性对目标的达成起着非常重要的作用。

很多人在制定目标时喜欢"拍脑袋",喜欢按照过去的经验做事。去年销售收入增长了50%,今年要求增长60%。理由仅仅是"去年都增长了50%了,今年增长60%还有什么难度吗?"实际上,这样的说辞一点儿都不具备说服力。

空洞的说辞背后显示了管理者管理技能的缺乏,他们没有很好地分析框架和分析思路,没有引导下属厘清达成目标需要做的工作可能会遇到的障碍。没有这些分析作为支撑,无论你提出的目标值是多少,都是不符合实际的。

作为管理者,在目标制定的过程中,你的任务不是作为一个上级对下属的目标高低做出判断,而是一个合作者,是作为下属的绩效合作伙伴,要帮助下属分析目标是什么?目标值是多少?为什么?如何做?做到了这些,你才是一个帮助单位和员工成长的高绩效经理。否则,你就是和下属一起制造平庸的人。

131 罗森塔尔的实验

1960年,哈佛大学的罗森塔尔博士在加州的一所学校进行了一项教育研究实验。

新学期开始时,罗森塔尔博士让该校的校长把三位教师叫进办公室,对他们说:"根据你们过去的教学表现,你们是本校最优秀的老师。因此,我们特意挑选了100名全校最聪明的学生组成三个班让你们执教。这些学生的智商比其他孩子都高,希望你们能让他们取得更好的成绩。"三位教师都高兴地表示一定会尽心尽力。

校长又叮嘱他们,对待这些学生,要像平常一样,不要让学生或学生的家长知道他们是被特意挑选出来的。三位教师都答应了。

一年之后,这三个班的学生成绩果然排在整个学区的前列。这时,校长告诉了教师真相:这些学生并不是刻意选出来的最优秀的学生,只不过是随机抽调的最普通的学生。

三位教师没想到会是这样,都认为自己的教学水平确实高。这时校长又告诉他们另一个真相,那就是,他们也不是被特意挑选出的全校最优秀的教师,也不过是随机抽调的普通教师罢了。

【成才小语】

世上本没有什么天才,所谓的天才就是靠自己的努力,发掘出自身内在的潜力,从而改变自己的命运。

一个人不管是聪明还是愚钝,只要他肯付出努力,都可以通过行动来完善自我,实现自我,只不过付出的努力要比别人多一点儿罢了。即使是心性愚钝的人,别人用一分努力能做成一件事,而自己不怕吃苦,用十倍甚至百倍的努力,同样能取得进步和成就。

古往今来,许多天资不好的人,看似不可能成功,但他们通过自己不懈的努力,想方设法提高自己的素质,最终成就了一番别人难以企及的事业。而一些所谓的聪明人,由于放弃了自己的努力,最后反而变得一事无成。

132 自省,完善自我

有一天,一位将军去部队看望士兵,在军营里看见一个士兵戴的帽子很大,帽檐低垂,几乎遮住了士兵的眼睛。

他走过去问士兵:"你的帽子怎么会这么大?"士兵立刻立正,恭敬地回答道:"报告将军,不是我的帽子太大,而是我的头太小了。"将军听了哈哈大笑:"头太小不就是帽子太大吗?"士兵说:"一个军人,如果遇到点儿什么,应该先从自己身上找原因,而不是从别的地方找问题。"

将军点了点头,似有所悟。10年后,这个士兵也成为一名将军。

【成才小语】

责人先问己,恕己先恕人。真正成熟的人,懂得观心自省,对自己多一分审视,对他人少一分苛责。遇到事情时,先冷静三秒,本着解决问题的态度,先从自身找原因。是自己的问题,努力改进;不是自己的问题,想办法沟通解决。秉持这样的原则,人和人之间的关系就会越来越和谐。

这则故事告诉人们,学会从自己身上找原因,是一个人变得强大的开始。在生活中遇到问题,先要看看自己做好了没有,问问自己有没有做得不够好的地方。一个人只有懂得自省,抛弃自以为是的想法,才能面对真实的世界,从而成为一个内心强大的人。

133　挑战"不可能"的目标

有一位军事家,他曾经在欧洲大陆所向披靡,他的名字令所有与他为敌的人闻风丧胆,他领导的军队几乎无往不胜,他就是来自法国科西嘉岛的拿破仑·波拿巴,一个曾经在世界历史上写下重要篇章的伟大人物。

　　拿破仑·波拿巴的一生颇富传奇色彩,但是每一个奇迹几乎都是凭他自己的能力和胆识创造的。他冒着严寒率领军队翻越险峻陡峭、白雪皑皑的阿尔卑斯山并且打败装备先进的英国和奥地利联军,就是一次极富传奇色彩的经历。

　　当英奥联军将拿破仑的属下马塞纳将军率领的军队围困在意大利的热那亚时,拿破仑·波拿巴被激怒了,他发誓一定要使英奥联军为他们的行动付出沉重的代价。可是愤怒的拿破仑并没有因此而丧失理智,他清楚地知道,如果马塞纳将军率领的军队不能及时得到增援,那这支精锐的法国军队很可能就要全军覆灭。但是要想及时支援马塞纳将军,那他就必须率领军队翻过阿尔卑斯山。"必须翻过阿尔卑斯山,形势容不得再有半点儿犹豫",拿破仑神态坚定地对属下们说。然后他果断地下达了命令:"准备好必要的物资,马上全速前进。"

　　在翻越阿尔卑斯山的过程中,拿破仑和他的军队遭遇了前所未有的困难。大雪纷飞,道路崎岖,士兵们只能深一脚、浅一脚地艰难前行。拿破仑身先士卒,与士兵们并肩作战,共同面对恶劣的自然环境。

　　与此同时,英奥联军的将领们可能正在享受舒适的火炉和美酒,对拿破仑的增援行动嗤之以鼻。他们可能认为,在如此恶劣的天气和地形条件下,拿破仑的军队根本无法成功翻越阿尔卑斯山。

　　然而,拿破仑和他的军队却创造了奇迹。他们克服了重重困难,终于成功翻越了阿尔卑斯山,并如同神兵天降般出现在英奥联军的面前。面对这突如其来的打击,英奥联军措手不及,很快就被击败。

　　这次胜利不仅挽救了被困的法军,还进一步巩固了拿破仑在法国和欧洲大陆的军事地位。虽然历史上将这次胜利归功于拿破仑的军事才能和勇气,但我们也不能忽视士兵们的英勇作战和团队合作。

【成才小语】

石缝中的野草，悬崖上的松柏，暴风雨中的海燕……它们并非具有天生的神力，但是它们却创造了人们想象不到的奇迹。这是因为它们具有挑战"不可能"目标的勇气。

敢于挑战"不可能"，才能有创新的可能。很多创新成果在取得以后回望，当时的设想都是三个字——"不可能"。然而，机会往往就蕴藏在这诸多的"不可能"之中。

134 荣耀的背后

在外人眼中，那个绰号叫斯帕奇的小男孩在学校里的日子肯定是煎熬的。小学阶段，他的各门功课通常不及格。进入中学，物理成绩也很糟糕，成为学校历史上物理成绩最差的学生之一，体育成绩也不理想。尽管他加入了学校的高尔夫球队，但在一次重要比赛中，他败得一塌糊涂。就连在随后的安慰赛中，他的表现也令人失望。

斯帕奇似乎是个公认的失败者，这一点不仅他身边的人心知肚明，他自己也很清楚。然而，他从未真正在意过这些评价。从小到大，他唯一在乎的就是画画。他坚信自己拥有出色的画画天赋，对自己的作品深感自豪。但遗憾的是，除了他自己，几乎没有人欣赏他的涂鸦作品。中学时，他向毕业年刊投稿了几幅漫画，却无一被采纳。尽管屡遭退稿，斯帕奇从未放弃自己的画画梦想，他立志要成为一名漫画家。

到了中学毕业那年，斯帕奇鼓起勇气向沃尔特·迪斯尼公司写了一封自荐信。该公司让他把自己的漫画作品寄过去，同时规定了漫画的主题。于是,斯帕奇开始为自己的前途奋斗。他投入了巨大的精力,一丝不苟地完成了许多幅漫画。然而,漫画作品寄出后却如石沉大海,最终迪斯尼公司没有录用他。斯帕奇再一次遭遇了失败。

生活似乎对斯帕奇来说只有黑夜。走投无路之际,他尝试着用画笔来描绘自己平淡无奇的人生经历。他以漫画语言讲述了自己灰暗的童年、不争气的青少年时光。漫画中的人物有一个学业糟糕的不及格生、一个屡遭退稿的所谓艺术家、一个没人注意的失败者。他的画也融入了自己多年来对画画的执着追求和对生活的真实体验。

正是这个充满真实感和共鸣的角色,让斯帕奇的漫画作品一炮走红,连环漫画《花生》很快就风靡全球。其中塑造的查理·布朗这个小男孩的形象更是深入人心。查理·布朗同样是一名失败者,他的风筝从来就没有飞起来过,足球也踢得一塌糊涂,他的朋友们一向叫他"木头脑袋"。

熟悉斯帕奇的人都知道,这个漫画角色正是他早年平庸生活的真实写照。

【成才小语】

这则故事告诉人们,一个人即便是在许多方面都是失败的,只要有他所在乎的事,并且坚持去做,无论有多少困难与阻挠,一直做下去,一直坚持下去,不敢说一定会成功,但最起码是有希望成功的。

一个人荣耀的背后是奋斗与艰辛。其实,查尔斯和大多数普通人一样,没有机会展示自己。这时大多数人便默认了自己的普通,放弃了自己的理想。

的确,付出的努力越多,你才越有可能成功。成功只有在艰辛的奋斗后才能实现。荣誉的光环只会降临到有准备的人手中,正所谓"一分耕耘,一分收获"。

135 成功的边缘

　　一艘轮船在海上遭遇不幸,而一个乘客十分幸运地在船沉之前抱住了一根木头。船沉后,他死死地抱着那根木头,在茫茫大海上随波逐流。最后,在涨潮时,他又幸运地漂到一个林木葱茏的小岛上。

　　到达岛上后,他立刻环顾周围,找到了一眼清爽甘甜的泉水,以及一些蘑菇和野果。他又把所有能吃的食物全部采撷下来,这些食物足够他吃一个月。

　　他很为自己庆幸,饱餐一顿后,他马上动手用木头搭起了一个小木屋,既能遮风挡雨,又能储放采集到的食物。同时他在岛上等待过往的船只。但令他失望的是,五六天过去了,他连一艘船的影子都没有看到。陪伴他的只是呼啸的海风和一群群叽叽喳喳的海鸟。

　　有一天上午,天空下起了瓢泼大雨,海面上乌云翻滚、雷鸣电闪,他冒雨赶到小岛另一侧的悬崖张望船只。天近中午时,只听一声惊天动地的响雷,仿佛将整个小岛都震得地动山摇。忽然,他看见远在小岛另一侧的小木屋上空升腾起了滚滚浓烟,他大惊失色,急忙爬下山崖跌跌撞撞赶到自己的小木屋前,发现一切都已经晚了,他的小木屋已被雷电击中,几乎全部化为灰烬了。

　　他十分难过,自己乘船遭遇沉船,好不容易死里逃生到这个荒岛上,栖身和储放食物的木屋却又被烧成了灰烬,他心灰意冷到了极点。于是,他找来一块白色的花岗岩,在岩石上写下自己的遭遇和不幸,然后找一根藤子在树上结束了自己的生命。

　　傍晚的时候,一艘轮船从这里经过,船上的水手们望见这座荒岛上有一柱浓烟,于是马上将船驶向荒岛。但令他们遗憾的是,荒岛上的那个人已经没有了气息,大家看了他留在岩石上的那些遗言,禁不住个个扼腕叹息说:"如果他能再坚持半个钟头,只要再坚持一点点,那么他就可以乘我们的船回家了。"

【成才小语】

是的,许多关键的时候,也恰恰是需要我们咬紧牙关再坚持一点点的时候。这则故事告诉人们,如果你再坚持一点点,你就把握住了成功;如果你放弃了一点点,你就可能万劫不复了。

在生活中,在成功的边缘,在成功即将到来之时,也往往是我们心灵最困难、最吃力、最难熬的时刻。这时,我们最需要告诉自己的就是:再坚持一点点。

136 机遇总是留给那些付出的人

玛格丽特·米切尔的著名小说《飘》一经出版,就立即风靡全世界。好莱坞制片人大卫·奥·塞尔兹尼克计划将它搬上银幕。他首先找到米切尔协商,最终以5万美元的价格买下了这部作品的拍摄权,然后组织18位编剧对这个剧本进行改编,在基本保持原著深度和韵味的基础上,经数次修改打磨,再由多名作家,如西德尼·霍华德等将这部小说修改定稿成电影剧本,最后依托美国米高梅影片公司开始筹组拍摄。

为了确保电影的成功,首先要选定角色。为了找到合适的演员,导演组大力开展宣传工作,各路明星得知消息后纷纷争抢进入剧组,他们相信这部巨著能在全球引发热潮,影片也必然会轰动世界。几轮选拔后,除女主角斯佳丽的演员人选未确定外,其他角色都已选定。当时,在好莱坞乃至世界影坛颇有声誉的大明星凯瑟琳·赫本、荏蒂·黛维丝、琼·芳登、琼·克劳馥等都向塞尔兹尼克递交了自己的简历,并用尽各种办法争取这一角色。可不知为什么,这些演员无论做怎样的努力,塞尔兹尼克一直都不太满意,开机拍摄时间已经往后拖了两个多月了。

一位当时在好莱坞还是跑龙套、默默无闻的演员费雯·丽很想出演这个角色。一天,她鼓足勇气,用心打扮,租了一套衣服,径直找到了塞尔兹尼克。令人意想不到的是,还没等费雯·丽说明来意,塞尔兹尼克一见到她,不禁脱口而出:"噢,天哪! 你就是斯佳丽!"只见她戴着宽边黑帽,深邃的目光闪烁出绿宝石般的光芒,黑色的衣衫紧紧裹着婀娜的身姿。塞尔兹尼克兴奋极了,对同事们高声喊道:"她就是我梦寐以求的斯佳丽!"在看了费雯·丽试拍的样片后,他更加兴奋。一个午后,他正式召开开机新闻发布会,并特意强调:有了费雯·丽出演斯佳丽,他对这部影片的成功充满信心。

剧组所有的人都很惊诧,费雯·丽没有名望,为何她能击败那么多好莱坞大牌明星而成功获得角色? 最终还是费雯·丽给出了答案,她说,在来剧组前的两个多月里,她夜以继日地将小说《飘》整整看了近30遍,每天都在琢磨斯佳丽的形象,从她的一颦一笑,穿着打扮,再到生活习惯,甚至她睡觉的形态都刻在她的脑海里。来剧组应征时,她完全以剧中斯佳丽的形象出现在塞尔兹尼克面前,她是直接进入了角色,从衣服到言谈举止,再到眼神……这就是塞尔兹尼克录用她的原因。

这部影片后来定名为《乱世佳人》,公映后立刻轰动了全美国乃至整个大洋彼岸。费雯·丽当仁不让地获得了第十二届奥斯卡最佳女主角奖,从此她迈入世界巨星行列。

【成才小语】

费雯·丽的成功告诉我们，机遇总是留给那些付出更多的人。把握机遇靠的是真情投入和真心付出，谁为之努力奋斗谁就离成功最近。成功不是复制别人，而是做最好的自己。成功离我们不是很远，只差一个"奋斗"的距离。

没有谁的成功是凭空而来的，任何成功都是靠后天的努力、勤奋与高度的自律所造就的。顽强的毅力和超出常人的勤奋，才是成功的先决条件。

137 成功，从倾听开始

美国汽车推销之王乔·吉拉德曾经历过一次令他铭记于心的教训。一次，某名人来买豪车，乔推荐了一款最好的车型。名人对这辆车很满意，随即付款购买，眼看就要成交了，对方却突然变卦而去。

乔为此事懊恼了一下午，百思不得其解。晚上 11 点，他忍不住打电话给那位名人："非常抱歉，我知道现在很晚了，但是我检讨了一下午，实在想不出自己错在哪里，因此向您讨教。""真的吗？""肺腑之言。""很好！你在用心听我说话吗？""非常用心。""可是今天下午你根本没有用心听我说话。就在签字之前，我提到我的儿子吉米即将进入密执安大学念医科，我还提到他的学科成绩、运动能力和将来的抱负。我以他为荣，但是你却毫无反应。"

乔当然不记得对方曾说过这些事，因为他当时根本就没有在意。乔认为已经谈妥那笔生意了，不但当时他无心听对方在说什么，反而在听另一名推销员讲笑话。乔这才明白这桩生意泡汤的原因：那人除了买车，更需要得到对于一个优秀儿子的称赞，以满足他内心的自豪感。

【成才小语】

乔对顾客的话表现迟钝、毫不在意，是因为他眼里只有生意，觉得其他一切都是"闲话"。但恰恰是这些看似无关紧要的闲话，承载了顾客的感情寄托，也是成就一桩生意的关键。认真倾听他人说话，当他人的知音，当顾客被尊重的渴望得到满足时，这桩生意达成的希望很大。

在沟通的各项功能中，最重要的莫过于倾听的能力。有效的沟通始于真正的倾听。思想家说，倾听是一种美德；教育家说，倾听是一种智慧；文艺家说，倾听是一种魅力；企业家说，倾听是一种财富。

138 泰格的成功之路

知名高尔夫球运动员泰格·伍兹在读初中时，有一个经常在一起练球的朋友。这位朋友最爱做的，就是凭借自己的球技，给当地富人当陪练。

泰格辛辛苦苦训练一年，最终在青年联赛夺得冠军，也只有1000美元奖金。而他的朋友常常在他面前炫耀，说他做一个礼拜陪练，就能赚到500美元。

在朋友的鼓动下，泰格忍不住也跟着去做兼职陪练。每次兼职得到的报酬，让他觉得比参加比赛划算得多。有时为了多挣些生活费,他甚至不惜推掉学校的训练。直到教练找到他,满脸严肃地问道:"你到底是想成为一名职业运动员,还是仅仅做一名有钱人家的陪练?"

一下子被问蒙的泰格,顿时恍然大悟。从此,当地少了一名富人宅邸的高薪陪练,却多了一名俱乐部里没有工资的实习生。七年后,泰格成为世界排名第一的高尔夫球运动员,曾创下单赛760万美元奖金的记录。

【成才小语】

这则故事告诉人们,那些令人瞩目的成就,往往是建立在长远的眼界之上。但有着短视思维的人,却让你变得急功近利,只想占尽眼前的便宜。他们看似是带你走一条捷径,实则是拉着你绕远路而行。

你周围人的眼界,决定你成长的上限。当你所处的圈子,让你看见的不是十年后的自己,而是今天的所得所失,那你注定很难静下心来沉淀自己。很多时候,一蹴而就的目标,并不是你真正想要的结果。

139 杰克·伦敦的创作原则

1900年,24岁的美国青年杰克·伦敦创作的第一本小说集《狼子》出版发行。这部作品一经问世,便为他赢得了巨大的声誉,使他一举跻身知名作家的行列,同时也让他得到了一笔优厚的收入,使他摆脱了困境。

由于家庭生活一直非常清贫,杰克·伦敦自小就养成了勤俭节约的习惯。虽然现在获得了一笔可观的稿费,但他写作时仍像以前那样节约：每次在稿纸上写作时，他都会先写正面，再写反面，从不浪费一点儿。

一天，一位朋友来到杰克·伦敦家中做客。当时杰克·伦敦正在进行小说创作。他抱歉地让朋友稍等片刻，等他写完1000字后，就放下笔过来陪他。

十几分钟后，杰克·伦敦完成了写作，快步走了过来。朋友好奇地问他："你天天都在创作吗？每天大概要创作多长时间？"杰克·伦敦微笑着回答道："我每天规定自己只写1000字左右。同时，每星期只写作6天。剩下的那一天，我会将自己前6天的稿子再全部进行修改，并反复推敲，决不容许文章里有半句多余的话。"

朋友好心地对杰克·伦敦建议，说道："你现在的生活并不算多么富裕，为什么不多写上几笔，每天写上四五千字甚至一万字，那样的话，不就能多换一点儿稿费吗？更何况，以你现在的名望和威望，还担心编辑会不刊登你的稿子吗？"杰克·伦敦听后，严肃地回答道："一个人如果只考虑填饱肚子，一定写不出好的作品来。要知道，好的作品不是从墨水中流出来的，而是用心写出来的。写作好比砌墙，每一块砖都必须经过精心选择，这样才能盖起富丽堂皇、雄伟壮观的宫殿来！"

【成才小语】

确实有许多捷径可以使我们获得一时的金钱、鲜花和掌声，但要谨记一点，想要获得众人的认可，还需精益求精、脚踏实地地一步步走下去。

所谓精益求精，是指事物已经做得非常出色了，却还要追求更加完美。一个人在工作中要做到像杰克一样精益求精：一要做事扎扎实实，注重实效；二要做事周到细致，切忌粗枝大叶；三要做事精益求精，高标准、严要求；四要做事持之以恒，不达目标誓不罢休。

读故事　懂生活

有人说,生活是一杯酒,散发着迷人的醇香;生活是一盏灯,闪烁出无尽的光明;生活是一汪水,投射出纯洁的心灵;生活是一本书,蕴含着深刻的哲理;生活是一首歌,唱响出高低不一的音符;生活是一首诗,抒发出"大江东去浪淘尽"的豪情。

我们曾经把生活想得太过简单,但是随着年龄的增长,我们会发现,生活就好比我们的老师,它会让你从那个为了一点儿小事就变得矫情的人慢慢地变得冷静;它会慢慢地磨平你的棱角,让你逐渐变得成熟。生活就像一个杯子,开始是空的,伴随着你的成长,里面装的东西会越来越多,生活就是这样不断地充实,不断加入鲜活的元素。

生活不仅是生存,还要活得有意义,活得精彩。其实,生活就像一条奔腾不息的小河,不分昼夜地流淌,演绎着每个人生命的历程。不同的人生经历和感受,决定了不同的生活内容和质量。有的人一生平淡如水,像一本陈年流水账;有的人则活得多姿多彩,似一幅绚丽的山水画。生活的意义就在于生活的本身,你用什么样的心态面对生活,生活就会向你展示什么样的人生。热爱生活的人,生活也会给予你最好的回馈。

140 亡羊补牢

从前,有个人养了一圈羊。一天早晨,他发现少了一只羊,仔细一查,原来羊圈破了个窟窿,夜里狼钻进来把羊叼走了。邻居劝他说:"赶快把羊圈修好,把窟窿堵上吧!"那个人不肯接受劝告,说:"羊已经丢了,还修羊圈干什么?"

第二天早上,他发现羊又少了一只。原来,狼又从窟窿里钻进来,把羊叼走了。他很后悔自己没听从邻居的劝告,便赶快堵上了窟窿,修好了羊圈。从此以后,他的羊再也没有丢过。

【生活小语】

亡羊补牢的意思是当羊被狼叼走后,再去修补羊圈,还不算晚。比喻出了问题以后想办法补救,就能避免更大的损失。

在生活中,我们难免有这样或那样的缺点。同样地,在工作中,我们也会出现失误。因此,当发现自己的缺点或工作失误时,我们应该勇敢地面对它们,及时采取改正或补救措施。这样,我们才能减少损失,降低负面影响,并不断提升自己的能力和水平。

141 相煎何急

曹操去世后,曹丕在贾诩等人的支持下,继承了曹操的权力和地位。他的弟弟曹植才华横溢,出口成章,精通诗词歌赋和四书五经。曹丕即位后,对曹植心存忌惮,担心他威胁到自己的皇位。因此,为了巩固自己的统治地位,曹丕对曹植进行了严密的监视和打压。

有一次,曹丕召见曹植,要求他在七步之内作出一首诗来。曹植知道这是曹丕在故意刁难自己,但还是强忍着心中的悲愤,缓缓迈出第一步,他看到庭院中正在煮豆的情景,灵机一动。当走到第六步时,他高声吟道:"煮豆持作羹,漉菽以为汁。其在釜下燃,豆在釜中泣。本自同根生,相煎何太急?"

曹丕听到这首诗后,深受触动,想起了与曹植的兄弟情,深感羞愧。于是,他免去了曹植的死罪,将他贬为安乡侯。

【生活小语】

纵观上下几千年历史,在帝王子孙中,为了名声地位而手足相残的例子数不胜数,而和睦相处、相互忍让的事例却少之又少。

在生活中,如何经营好手足之情?第一,珍惜缘分。父母给予我们生命,让我们兄弟姐妹从小在一起生活,一起成长,这种手足之情是无法割舍的。第二,互相照应。作为兄长或姐姐要关心爱护弟妹;而作为弟妹,则要尊重哥哥、姐姐。第三,能者多劳。有能力的多为家庭做贡献。第四,互帮互助。当一方遇到困难时,另一方毫不犹豫地伸出援手,无论是精神上还是物质上,都要尽力而为。第五,团结友爱。兄弟姐妹间不要互相猜疑、互相议论。有事当面说清,不要在背后议论。有不同看法的,要多沟通,相互理解,不要互相指责。第六,和睦相处。父母健在时,父母会召集全家老小团圆相聚。父母不在时,做兄长的就要起带头作用,每年聚会一两次,平时也要互相走动。

142 不说闲话,则远祸

魏晋时期,有一位名士因乐善好施者著称。某日,他有事外出,出门前交代书童,若有人前来借宿,不要多言语,带到偏房即可。

一日，几名路人前来借宿，书童将路人带到偏房后，忍不住炫耀道："我家主人富甲一方，不仅院子宽阔，奇珍异宝更是数不胜数。"

路人听后心生歹意，悄悄绑走了书童，盗走了一些珠宝。正欲离开，书童又说："姑且等着，我家主人定不会饶过你们。"路人听言，随即放火烧了院子，书童也因此丧命。

【生活小语】

古人云："三寸舌为诛命剑，一张口为葬身坑。"一言兴盛，一言败亡。这则故事告诉人们，口无遮拦，多说闲话，往往在给自己挖坑，浑然不知早就招致了灾祸，最终导致命运悲惨。

人生在世，虽然世事难料，但福祸却是自身修为的结果。修好自己的嘴，不多言，不妄言，不谗言，不炫耀，方能去灾消祸，福运亨通。

143 公艺百忍

唐朝高宗年间，当州有一位德高望重的老翁，姓张，名公艺，人们尊称他为张公。他家族九代同居，和睦相处。张公艺更是以宽广的心胸和忍让的处世哲学闻名乡里。

有一次，唐高宗李治到泰山途径齐州，听说当地有一位九代同居的老人，便很好奇，决定去他家里看看，问他是用什么方法，能够做到九代同居而相安无事？

张公艺闻言，提起笔竟在一张纸上接连写了一百个"忍"字呈给皇上，并且说："一个家庭一切都得益于'忍'。如果每一个人都积极为家里做贡献,在平时互相协助,都能用这个'忍'字做到礼让,那么家庭当然就能和睦了。"

唐高宗听后很欣慰,对张公艺的智慧和家族的和睦高度赞赏,并赐予他丰厚的缣帛作为奖励。

【生活小语】

国学大师季羡林说:"对待一切善良的人,不管是家属,还是朋友,都应该有一个两字箴言:一曰真,二曰忍。真者,以真情实意相待,不允许弄虚作假;忍者,相互容忍也。"张公艺的家族能够九代同堂的秘诀就是一个"忍"字。我们在日常生活和工作中,都应该学会忍让、忍耐和宽容。

忍,是一种宽广博大的胸怀,是一种包容一切的气概。忍,显示着一种力量,是一种强者才具有的精神品质。忍,不是低三下四,不是忍气吞声,不是受人欺侮,也不是逆来顺受,而是一种积蓄力量、和睦相处的处世方式。

144 两个神童

北宋景德年间,两位才华超群的神童被地方官同时举荐给了朝廷。他们分别是晏殊和蔡伯俙。

宋真宗听闻国家出了这样的人才,非常高兴,亲自召见神童,出题考查他们的才学。论才学,蔡伯俙与晏殊不相上下;论品德,却大不一样。蔡伯俙有心要压倒晏殊,一看试题出得容易,立刻眉飞色舞地挥笔疾书。而晏殊见到这个试题恰好是自己几天前在家里曾经做过的,就老老实实地对皇帝讲了,并请求另出一个更难的题目。这样一来,蔡伯俙抢先交了头卷,心中暗笑晏殊过于憨直。

宋真宗对晏殊、蔡伯俙的答卷都很满意,便破例赐予他们官职,让他们留在朝廷中伴同皇太子读书。皇太子年纪也很小,生性喜玩,不愿读书。晏殊总是苦口婆心地规劝他,惹得皇太子有些生厌。而蔡伯俙小小年纪就学会了迎合,处处讨皇太子的欢心。宫里的门槛很高,皇太子跨不过去,蔡伯俙就趴在地上,用脊背给他垫脚。

有一次,宋真宗要检查皇太子的学业。皇太子做不出文章,要晏殊代做一篇。晏殊认为这是弄虚作假,坚决不答应。蔡伯俙却谄媚地赶写了一篇文章,送给皇太子一字不漏地照抄。宋真宗发现文章不像皇太子所做,追问下来,晏殊如实禀告了。这下子更得罪了皇太子,他恶狠狠地指着晏殊的鼻子骂道:"我将来当了皇帝,要杀你的头!"晏殊毫无惧色地回答:"就是杀我的头,我也不说假话,不做假事。"

后来,皇太子长大了。宋真宗驾崩后,他继位。蔡伯俙自以为和皇帝关系深厚,这下子一定要做大官了,谁知宋仁宗却任命晏殊为宰相。蔡伯俙很不服气,就去问宋仁宗。宋仁宗说:"当时我年幼不懂事,现在才知道应该怎样来识别真正的人才。不错,你和晏殊都颇有才华,可是你为人不诚实,不正直,难以令人信赖。宰相身负国家重任,应该由晏殊这种德才兼备的人来担任。"

【生活小语】

人才并不难得,难得的是德才兼备。古人把德育放在首位,其次才要求学好科学文化知识。所谓"德才兼备",而不是"才德兼备",即首先要有"德",其次再看"才"。如果忽视了德育,长大后虽有一肚子学问,但不懂得怎样做人,仍然会处处碰壁。

因此,我们应该在日常生活中注重培养自己的诚实正直品质,坚守原则,不为诱惑所动。只有这样,我们才能在人生的道路上走得更远、更稳、更精彩。

145 不识自己的字

　　宋朝有个丞相叫张商英,他唯一的爱好就是书法,尤其喜欢写草书。每当闲来无事,他便提笔挥洒,龙飞凤舞一阵,甚是得意。然而,这个张丞相的书法技艺并不精湛,字迹潦草难辨,还自视甚高。当时,很多人都讥笑他,而他却不以为然,依旧我行我素,坚持自己的书写风格。

　　一天饭后,张丞相小憩片刻,突然诗兴大发,偶得佳句,便当即叫小童磨墨铺纸。张丞相提起笔来,一阵疾书,满纸是一片龙飞蛇走。张丞相写完后,摇头晃脑,得意了好一阵子,似乎意犹未尽。于是张丞相叫来他的侄子,让侄子把这些诗句抄录下来。

　　张丞相的侄子拿过纸笔,准备用小楷将诗句录下,可是他好半天才能辨认出一个字,时时碰到那些笔划曲折怪异之处,侄子只好连猜带蒙。可是有些地方,他真是看不懂,不知从哪里断开才对。他实在没办法,只好停下笔来,捧着草稿去问伯父。

　　张丞相拿着自己的大作,仔细看了很久,也辨认不清,自己写的字竟然都不认识了。他顿时感到尴尬不已,但为了挽回颜面,便责骂侄子说:"你为什么不早点儿来问呢?我也忘记写的是什么字了!"

【生活小语】

　　故事中的张丞相总爱自以为是,既不虚心,又顽固坚持自己的错误,还强词夺理为自己辩护,其结果是越发显出自己的愚蠢可笑。

这则故事告诉人们,在生活中,一定要谦虚谨慎、虚心好学、低调做人。在姿态上要低调,在心态上要低调,在行为上也要低调。同时告诫人们,有了过错一定要及时改正。在这个世界上,没有哪个人会永远不犯错误,但关键是当你发现自己有了过错,就应及时地改正,决不能一错再错。

146 不要小看话少的人

王安石晚年罢相,闲居金陵。有一天,他身着布衣,拄着拐杖,上山游览。路上休息的时候,恰逢几个书生谈古论今,好不热闹。说到兴头上,他们有点儿得意忘形,开始彼此夸耀自己的学问、师承、门楣。

过了一会儿,有人注意到了旁边站着的王安石,见他貌不惊人,也不说话,就轻蔑地问了一句:"你也懂得读书?"王安石点点头说:"懂得一点儿。"那人又傲慢地问:"那你叫什么名字?"王安石恭敬地拱拱手说:"老夫姓王,名安石。"

话一说完,这群学生就被镇住了。没想到,这个在旁边沉默寡言的老头,竟然是当朝最负盛名的大学者。

【生活小语】

人群中,那个话越少的人,往往越厉害。那些真正有实力的人,从不炫耀,不张扬。越是成竹在胸的人,越是低调,越是安静。他们内心自有一份沉静,不期盼外界的认可,不在意别人的评价。无论面对人生的何种境遇,他们都能不卑不亢,从容淡定。

古人云:静水流深。即越是浅水,流动起来越是喧哗;越是深潭,流动起来越是安静。话少,是一种实力。从某种意义上说,安静本身就是一种实力的象征。

因此，我们应该学会尊重每一个人，不要仅凭外表或初步印象就对他们下结论。同时，我们也要保持谦逊和开放的心态，愿意向他人学习，不断提升自己的见识和能力。

147 师道尊严

明代著名画家唐伯虎，从小就喜欢文学和画画。他有幸师从当时著名画家沈周，潜心学画。时光荏苒，转眼间已过去数年，他画技大长，所画的画已经初具大家风范，在周边地区很有名气。

唐伯虎开始有点儿洋洋自得，觉得比起老师的画，自己的画技也毫不逊色，从他那里再也学不到什么新的东西了。于是，他以母亲需要照顾为借口，向老师提出提前离开的想法。他还拿出自己的画作请老师点评，实际上是想炫耀一下自己的画艺。

沈周老师知道他的心思，他既没有强留唐伯虎，也没有看他的画作，只是请他到自己的房间来吃饭，以此作为送别。这个房间只有一扇窗户，窗外景色宜人，沈周老师就让唐伯虎过去开窗通风。唐伯虎朝窗户走去，可谁知那窗户怎么也打不开。唐伯虎问："窗户上锁了吗？"沈周笑笑说："哈哈，你再仔细看看。"

唐伯虎揉揉眼睛，仔细一看，才发现这哪是什么窗户，而是老师挂在墙上的一幅画。老师这幅画画得十分逼真，以至于让唐伯虎误认作是窗户。唐伯虎羞愧地对老师说："请老师原谅我的肤浅骄傲，我愿意再跟您学习几年。"

此后，唐伯虎改变了目空一切的态度，认真领会老师的教导，终于成为一代著名画师。

【生活小语】

师道尊严,意思本指老师受到尊敬,他所传授的道理、知识、技能才能得到尊重。后多指为师之道尊贵、庄严。《礼记·学记》中说:"凡学之道,严师为难。师严然后道尊,道尊然后民知敬学。"其告诫人们,只有对老师怀有尊敬之心,学生才会仔细聆听老师讲授的内容,然后才能恭敬地对待学习、知识,最后学而有成。

俗话说,虚心万事能成,自满十事九空。意思是虚心能帮你办成千万事,若自以为是、骄傲自满,那十件事可能会有九件事办不成。唐伯虎在学画途中,改掉了自己目空一切的态度,认真领会老师的教导,终成一代大师。

148 乾隆数塔

清朝乾隆皇帝有一次游览河南少林寺,他兴致勃勃地参观了寺庙后,来到了墓塔林。大大小小造型精美、形状各异的墓塔,使乾隆皇帝产生浓厚的兴趣,便问随行的方丈:"塔林里共有多少墓塔?"方丈半天没有回答出来。

原来,墓塔虽然数过无数次,但每次数的结果都不一样,所以答不出个准确数字。乾隆笑了,想了想说:"我来替你数。"说完,便命令御林军的士兵每人抱住一个塔,等所有的墓塔都有人抱着而没有遗漏时,命令抱塔的士兵集合报数。

乾隆对方丈说:"墓塔的数不就是这些嘛!"方丈连连向乾隆叩头致谢。

【生活小语】

故事中乾隆皇帝运用对应思维,让士兵一人抱一塔,一一对应,抱塔的人数就是墓塔的个数。这种方法看似简单,却能有效解决数塔难题。

在现实生活中,我们也可以运用对应思维去探索解决一些实际问题。对应思维是指在两个(集合)事物之间建立某种联系的思维方法。对应关系来自两个方面,一是自然存在的,二是人为建立的。前者需要我们去发现,而后者需要我们根据问题的要求去建立。故事中乾隆运用的对应思维,属于人为建立的对应关系。发现和建立对应关系的目的是"由此及彼",即由这一状态推至另一状态,由已知的结论推出新的结论。

149 六尺巷

清代康熙年间,桐城人张廷玉在朝中做高官。当年张廷玉家人在家乡修建府邸时,与邻居因地基问题产生争执,官司打到县衙。张家老太爷便立即修书给京城的张廷玉,希望他能让县令关照一下。

张廷玉收到信后,在信上批了一首诗寄回:"千里修书只为墙,让他三尺又何妨。长城万里今犹在,不见当年秦始皇。"他以此诗劝诫家人要宽容大度。

接到回信,老太爷立即吩咐家人让出了三尺地基。邻居见张家的善举,也让出三尺地基来。于是留下六尺空地,成为人人都能通行的一条巷道,后称为"六尺巷"。张廷玉由此名声大震,倍受乡邻称赞。

【生活小语】

这则故事告诉人们,身居高位者皆应具有宽广的胸襟,深明大义,不吝啬琐碎财物。轻财而喜布施的人,其名声地位会更加稳固。

当一个人的地位、财产、名声、境界、健康、才华、智慧等样样俱全时,不要趾高气扬、飞横跋扈。其实自己所拥有的这些世间福报看起来很美好,但并非永恒不变。因此,我们应该珍惜并善用当前的福报,同时不断提升自己的品德和能力,这样才能在世间留下一个好名声,同时在内心深处保持一颗宁静和感恩的心。

150　心无挂碍

古时候,有一位将军,骁勇善战,万夫莫敌。平时,他有一个爱好,就是特别喜欢陶器并收集许多陶器,一有空就拿出来欣赏。

一天,他把一个心爱的杯子拿在手中欣赏。正玩得高兴,忽然手一松,杯子差点儿滑落在地。还好他动作麻利,又把杯子接在手中,当时不觉竟吓出一身冷汗。事后他想:为什么我平时身经百战,刀枪不惧,竟为了这个小小杯子而吓出一身冷汗?

他反复在心里自问,终于明白,这都是因为"贪爱"的缘故,有了这份贪爱,就会有恐惧。于是他毅然把手中最喜爱的杯子重重地摔在地上,即刻觉得一身轻松,不必再为这个杯子的圆缺而担心了。

【生活小语】

心中无一物,其大浩然无涯。人生在世,短短不足百年寒暑,何苦让物欲束缚心灵的脚步。不让物欲占据我们的内心,少一些对财物的追求,不被财物所奴役,这才是一个人最快乐美好的生活。如果你摆脱了物欲的束缚,也正是你人格成长的开始。

有时拥有不一定就能给自己带来快乐,放下反而是智慧的选择。当我们不再执着于一朵彩云时，却已在无意间收获了整个天空。

151 一个半朋友

从前，有一个广交天下豪杰的、很仗义的武夫，他临终前对儿子说："别看我自小在江湖闯荡，结交的人如过江之鲫，其实我这一生能称上朋友的，只有一个半。"儿子听后，疑惑不已。武夫深知儿子的不解，就贴近儿子的耳朵交代一番，然后对他说："你按我说的去见我的这一个半朋友，朋友的情义你自然会懂得。"

儿子先去了父亲认定的"一个朋友"那里。对他说："我是某某的儿子，现在正被朝廷追杀，情急之下投身你处，希望予以搭救！"这人一听，赶忙叫来自己的儿子，让其迅速将衣服脱下，穿在这个并不相识的"朝廷要犯"身上，而让自己的儿子穿上"朝廷要犯"的衣服。儿子明白了：在你生死攸关的时候，那个能与你肝胆相照，甚至牺牲自己的亲人来搭救你的人，可以称作你的一个朋友。

儿子又去了他父亲说的"半个朋友"那里，抱拳相求，把同样的话说了一遍。这"半个朋友"听了，对眼前这个求救的"朝廷要犯"说："孩子，这等大事我可救不了你。我这里给你足够的盘缠，让你远走高飞，我保证不会告发你……"儿子明白了：在你患难时刻，那个能够明哲保身、不落井下石加害你的人，可称作你的半个朋友。

【生活小语】

这则故事告诉人们，患难见真情，真正的朋友只有在患难中才能显现出来。在古人的智慧中，苏浚曾把朋友分成四种类型：能相互劝勉、相互鼓励,及时指出朋友的错误,并帮助朋友改正错误、弥补不足的,这是畏友或诤友;当朋友处于患难之际,能挺身而出,鼎力相助,不惜一切把朋友救出困境的,这是密友;凑在一起吃喝玩乐,说些互相恭维的话,以酒肉为基础的,这是酒肉朋友;臭味相投,结成死党,而一旦分赃不均,就大动干戈、互相残杀的,这是贼友。

可见,交朋友一定要慎重,需要牢记四个原则:一是能引导你不断进步的人,二是可以满足你某种需求的人,三是可以对你说真话的人,四是愿意给予你付出的人。

152 适合的才是最好的

有一个垂钓者在河边钓鱼,旁边几名游客在他身后欣赏风景。突然,垂钓者竿子一扬,钓上来一条大鱼,足有三尺多长,活蹦乱跳。众人惊呼,围过来观看。垂钓者二话不说,解下钓钩,把大鱼丢进了河里。众人无不为之惋惜。

过了一会儿,垂钓者又钓上来一条大鱼,有两尺多长。他看了看,什么也没说,又解下钓钩,扔进了河里。众人纷纷摇头,说垂钓者真是贪心不足,还想钓更大的鱼。

几分钟后,垂钓者再一次扬竿,钓上来一条一尺多长的鱼。众人叹息,还不如前两次的大呢。只见垂钓者将鱼解下,小心翼翼放回鱼篓中,准备回家。大家都百思不得其解,有人问垂钓者为何舍大取小。垂钓者说:"因为我家里的盘子只够装一尺多长的鱼,太大的鱼装不下。"说完,他转身回家了,留下了几名若有所思的游客。

【生活小语】

很多时候,弄清自己要什么,才知道自己不要什么。东西不在大,不在多,适合的才是最好的。很多人之所以痛苦,就是不知道自己要什么,心中一片迷茫。好容易知道要什么了,又不知道什么才是最合适的。所以,了解自己,确定目标,非常重要。只有目标确定了,才能不被别的利益所惑,知足而常乐。

华兹华斯曾说过:"适合自己的生活才是美好而诗意的。"生活中,我们不应该在意自己走过多少路,走得有多快,而是要走一条终归适合自己的路。人生中,不管做什么事,无论与什么人在一起,只有根据自己的本心,寻找适合自己的才是最好的。

俗话说:"鞋子合适不合适,只有脚知道。"这句话说得很有道理,任何事情只有自己亲自尝试了,感同身受以后,才能知道适合不适合自己。适合自己,就是看清自己,知道自己想要什么,知道自己想做什么,知道怎么做才能让自己感觉到美好,也明白自己的能力和局限,懂得"没有金刚钻别揽瓷器活"的道理。

适合自己,是一种合理的安排,是避开失败和走弯路的一种选择,是结合自身条件的客观选择。同时,自己喜欢的,也不一定是适合自己的。所以,只要能找准自己的位置,适合自己的发展,那就是最好的人生。

153 生活中要学会说"谢谢"

20世纪60年代,一个偏远小县城的一所中学开家长会。教室里几十位家长陆续到来,几个女同学负责接待工作。然而,她们根本不懂接待是什么,她们只是把家长们迎进来,让座、倒茶。空下来的时候,就开始窃窃私语。交头接耳的女同学们把眼光集中在了一个人身上。那是刚转学来的一位同学的母亲,来自北京。她的容貌并不漂亮,衣着和发式也并不很时髦,可是女孩子们用她们仅有的词汇得出了一个一致的结论:她最有风度。

其中的一个女同学去给那位母亲倒水,回来时,脸颊红红的。她迫不及待地对同学们说:"你们猜,我倒水时她对我说什么了?"不等同学们猜,她就说了出来:"她说,谢谢。"

女同学们面面相觑。在她们这样的年纪,在她们这么偏远的小县城里,没有谁用过、听过"谢谢"这两个字。这是一个多么新鲜、温暖的词汇啊。

女同学们开始争先恐后地去倒水,然后一个个脸红红地回来。轮到去倒水的女生甚至会有点儿心跳,她们总是害羞地走到那位"最有风度"的家长面前,轻轻地加满水,红着脸听人家说一声"谢谢"。那个时候的她们,还不会说"不客气"的回敬语。

那次家长会后,那个刚转学来的同学成为所有同学羡慕的对象。大家都认为,她拥有一个最幸福的家庭,因为她的母亲如此有风度,如此懂得尊重他人。从那以后,那些窃窃私语的女同学们学会了一个极温馨的词汇:谢谢。她们开始在日常生活中用"谢谢"这个词,用它来表达对他人的感激和尊重。

【生活小语】

在人和人之间,最容易建立起亲近感觉的方法就是礼貌。当我们每个人都开始使用那最简单但又最温馨的词汇时,我们就能够得到最大限度的尊重。

如果我们在语言交际中记得使用礼貌用语,相互间就可形成亲切友好的气氛,也会减少许多可以避免的摩擦和口角。遇到别人帮助时道一声"谢谢",这其实再容易不过。但你可别小瞧这声感谢语,它传递了一个人丰富的信息,表示对他人尊重、亲切和友情,更显示你有礼貌、有教养、有风度。

154 一团被搁置的毛线

一位年轻的女士,在怀孕时满心欢喜地与丈夫一同选购了一些颜色鲜艳的毛线,打算为自己即将出生的孩子织一身最漂亮的毛衣毛裤。然而,随着时间的推移,她却迟迟没有动手开始织,有时想拿起那些毛线编织时,她会告诉自己:"现在先看一会儿电视吧,等一会儿再织。"等到她说的"一会儿"过去之后,丈夫已经下班回家了。于是她又把这件事情拖到明天,原因是"要陪着丈夫聊聊天"。丈夫因为心疼妻子,所以也并不催她。

时间一天天过去,孩子快要出生了,那些毛线还照旧放在柜子里。婆婆看到那些毛线,告诉儿媳不如自己替她织吧,可是儿媳却表示一定要自己亲手织给孩子。只不过她现在又改变了主意,想等孩子生下来之后再织。她还说:"如果是女孩子,我就织一件漂亮的裙子;如果是男孩子就织毛衣毛裤,上面一定要有漂亮的卡通图案。"

孩子终于出生了,是个漂亮的男孩。在初为人母的忙忙碌碌中,孩子一天天地渐渐长大。很快孩子就一岁了,可是他的毛衣毛裤还没有开始织。后来,这位年轻的母亲发现,当初买的毛线已经不够给孩子织一身衣服了,于是打算只给他织一件毛衣,不过打算归打算,这件事情仍然被一拖再拖。

当孩子两岁时,毛衣还没有织。当孩子三岁时,母亲想,也许那团毛线只够给孩子织一件毛背心了,可是毛背心也始终没有织成。渐渐地,这位母亲已经想不起来这些毛线了。

孩子开始上小学了,一天孩子在翻找东西时,发现了这些毛线。孩子说真好看,可惜毛线被虫子蛀蚀了,便问妈妈这些毛线是干什么用的。此时妈妈才想起自己曾经憧憬的、带有卡通图案的漂亮花毛衣。

【生活小语】

　　这则故事告诉人们,必须克服拖延的习惯。一个人如果不下决心现在就采取行动,那事情永远不会完成。克服拖延是一个人迈向成功和实现梦想的第一步。

　　怎样有效克服拖延的坏习惯呢? 一是立即行动。如果是一些小事情,那么时刻谨记"立即行动"的要旨。否则,小事情堆积起来会给你造成更大的压力。二是给自己制订一个最终完成的期限。如果你有一个必须完成的特别任务,千万不要把它搁置在那里,必须给自己确定一个明确的最终期限来坚决完成它。

155　张大千的不争论

　　有一次,张大千在英国举办画展。在参观者的热情邀请下,他挥毫泼墨,即兴创作了一幅牡丹图。在即将完成之际,他含了口茶轻轻地喷在画上,牡丹瞬间绽放,尤为动人。就在众人纷纷赞叹时,一名英国画家嘲讽他说:"原来中国画家就是用茶水喷画,这也能叫艺术吗?"

　　面对这咄咄逼人的挑衅,所有人都在等待张大千的回击。没想到,张大千只是微微一笑,一言不发地收拾桌子。事后有人问他:"这明明是中国画的冲墨法,您为何不反驳他几句,让他当场难堪。"张大千笑着说:"我无须同他争论,如果他对中国画感兴趣,他将来一定会明白;如果他不感兴趣,我怎样解释也是徒劳。"

【生活小语】

　　卡耐基曾说过,在争论中获胜的唯一方式,就是避免争论。生活中,跟不讲道理的人争论,不仅没有意义,还会给自己带来麻烦。与其在白费口舌中跟别人消耗,不如停止争辩,把话留给他人说。

有句古话说得好:知人勿点透,责人勿说尽。即知人不必言尽,留些口德;责人不必苛尽,留些肚量。太过争强好胜,不仅会陷入与他人的冲突之中,更是对自己的一种消耗。面对责难与批评,与其纠缠不休,不如让别人说去。学会不与他人较劲,你才能守住自己的节奏,专注地走好眼前的路。

156　整理形象

有一位出身豪门的大小姐郭婉莹,一场突如其来的变故,犹如让她从天堂掉落到人间:没有玉盘珍馐,只有8分钱一碗的阳春面;没有前呼后拥,只有打扫不完的厕所。

尽管如此,她还是会把头发梳理得整整齐齐,穿着干干净净的衣服,化着得体的妆容,穿着锃光瓦亮的皮鞋,一丝不苟地刷马桶。仿佛,她在擦拭一件心爱的艺术珍品。

有人曾这样评价郭婉莹:"经历了那么多可怕的事,她还是端正地坐在你面前,文雅地喝着红茶,雪白的卷发上散发着香气。你觉得还有什么是她不能够越过的吗?"她得体的妆容和举止,丝毫不像经历过沧桑的人,更多的是透露出对生活的从容。生活越是艰辛,她越是淡定从容。

【生活小语】

叔本华说:"人的外表是表现内心的图画。"内在的修养很重要,而外在的形象也是不容忽视的。良好的形象就是一个人内在的真实写照。它体现的不仅仅是自己对生活的要求,更是对别人的一种尊重。这是一种无声的语言,传递着你对生活的态度。而别人,也能通过你的形象,更加了解你。

把形象整理好,也会给自己一种积极的暗示,宠辱不惊,无论什么日子都能过得坦然从容。把自己整理得赏心悦目,就是对自己最大的负责。生活在这个世界上,人们都是视觉动物,自身形象的重要性不言而喻。充实的精神食粮可以滋养你的灵魂,妥帖的外在容貌则能提升你的气质。

157 输了也是赢

马一浮是我国著名的国学大师。有一次,他带着家人去逛花鸟市场,却被一位书生模样的落魄之人拦住了。

对方不怀好意地说:"人人都说你学问高,那我问你,如果有人当面骂你,你是怎样回击的?"马一浮淡然说道:"我会当作没有听见。"

谁知,对方立刻发起火来,大声骂道:"我还以为你有多么了不起,枉你熟读诗书经典,原来是个胆小如鼠的懦夫!"马一浮一声不响地站在原地,任凭落魄之人越骂越难听,围观的人也越聚越多,他始终一副气定神闲的样子。

渐渐地,看热闹的人觉得无趣就散了,没有了看热闹的人群,也没有了吵架的对手,落魄之人也觉得没趣,扭头就走了。

这时,气得双拳紧握的家人再也忍不住了,生气地说:"您就这样让他走了? 遇到这么无礼的人,您为何不反驳他?"

马一浮笑着安抚家人:"此人明显带着怒气而来,我如果与他争论,必定会吵得面红耳赤,即便争赢了他,也是徒劳无益。把自己与这样的人放在同一层面上,反而是贬低了自己,与这样的人说什么都是多余的。"

【生活小语】

面对无理取闹之人，如果针锋相对，不仅会浪费大量的时间精力，有时还会造成不可收拾的局面。与其在"赢了也得不偿失"的旋涡里争辩，不如不理不睬，让对方自讨无趣，最终只能作罢。

在现实中，如果真的遇到素质低下、无理取闹的人与你强词夺理，你没有必要与他争论，无论你说得怎么在理，他也不会认同你的观点，反而还会把这件事情越闹越大。所以当你发现与你交谈的人是个素质低下的人时，你应该当机立断与他结束话题。

158　不要把面子看得太重

老王的前半生，可谓顺风顺水。大学毕业后，他进入一家银行，凭借出色的表现一路做到高管的位置。后来他又转型成为一家民营公司的总经理。没想到过了几年，行业遭遇了大洗牌，老王的公司因经营状况不佳而倒闭。

失业后，老王本以为凭借自己的专业知识和履历，仍能找到一份不错的工作。但现实却给了他当头一棒，他一次次投简历，一轮轮参加面试，最终都因年纪太大而未被录用。

无奈之下，老王做起了滴滴司机。从风光无限的银行高管、民营公司总经理到滴滴司机，不少人觉得他失去了往日的光环和颜面。但老王却说："当你无法继续生存的时候，只有立马调转车头继续赶路才是上策。"

现在的老王，因为拉得下脸面，又肯吃苦实干，最终又成为当地网约车区域的负责人，迎来了职业生涯的第二春。

【生活小语】

面子在没有实力支撑的时候,是不存在的,因为没有里子。在缺乏财富和才能的时候,面子就是世界上最没用的东西。当我们沉浸在所谓的面子上,担心别人眼光,害怕丢脸,其实是把自己的成功拒之门外。

永远不要太在乎你的尊严,也别让面子成为你的负担。当你懂得放下面子,才能扛得起日子,赢得更好的生活。

159 家有和气

马未都结婚后揣着 1600 元钱,出门给新房买彩电。当他路过王府井时,发现一组四扇屏,钧瓷内镶、古朴典雅。马未都认定这是宋朝的古董,当即把买彩电的钱将其买下,抱着四扇屏回到了家。新婚妻子问他:"彩电呢?"马未都乐呵呵地说:"这个可比彩电值钱多了。"妻子虽然心中有些惊讶,但却未多言,帮着马未都把四扇屏安置好。

妻子的宽容理解,不仅让马未都将收藏爱好坚持下来,更在无形中影响了儿子。2012 年,马未都做出决定:百年后,要将所有藏品全部捐赠给国家,一件不留。当儿子得知父亲的决定后,逗笑道:"这么多藏品,一件都不留给我。你这个老头有意思,太有意思啦!"妻子替马未都解释:"你爸不是古董商人,不需要子承父业。我们已将你养大,路要靠你自己走。"儿子呵呵一笑:"老妈,我逗你玩的,其实我也赞成爸爸的决定。"马未都听后,哈哈直乐:"贤妻乖儿,我全拥有了,这辈子值了。"一家三口的对话充满了温馨与和谐。

【生活小语】

俗话说："家和气,胜过金;家不和,外人欺。"一个家庭,如果内部团结,那么家庭运势必会蒸蒸日上;如果家庭内部不和,将是一场巨大的灾难。家庭若不和睦,争吵不断,时间久了就会散;而家庭和睦,欢声笑语,日子越过越稳固。

一家人在一起生活,难免会有矛盾分歧。这就需要相互理解、彼此包容,不指责、不挑剔、不谩骂、不冷战。只有对家人始终抱有一份爱心、善心、耐心,家庭才会成为最温馨的港湾。

160 相互怀疑奇遇

一天的清晨,一个船夫因为一件小事和妻子吵了起来,结果越吵越凶,后来妻子竟然把一个暖瓶摔到了地上。船夫生气极了,他不再理会仍在哭闹的妻子,他觉得妻子真是不可理喻,他甚至想这样的日子真是过到了头。这样想着,船夫一气之下就把家里的5000元现金放在了口袋里。他想,如果妻子不向他道歉,他就在外面租房住,不再回家。

就这样,船夫心怀怒气去江边了。生气归生气,可是生活还要继续。船夫刚到江边,就有两个年轻人雇了他的船。这两个年轻人上了船就发现船夫的神色有些不对劲,因为船夫一直板着脸、皱着眉头,看上去有些可怕。"难道上了贼船?听说江边有很多强盗出没,他们假扮成船夫专门抢劫乘船人的财物,然后再把乘船人扔到江里。"两个人这样想着,不由得害怕起来。他们刚刚从城里干活回来,好不容易挣到的几千块钱全都带在身上。这可是他们一年的全部收入啊,如果被强盗抢了去,那家里等着用钱的父母和妻儿可怎么办?于是两个人开始小心翼翼地商议应该如何对付这个身体强壮的船夫。

开始时船夫心里一直在想着与妻子吵架的事情,本来就是因为一点儿小事,自己为什么要发那么大的火呢?想到妻子平时为家里操劳,船夫更是后悔不已。他想等送走这两位客人,他一定要赶快回家向妻子道歉。这样想着,船夫就抬起头来使劲划船。可他看到两位乘客背对着他鬼鬼祟祟地在商议着什么,难道这两个人是坏人?自己当初只顾着和妻子生气了,一直没注意这两个人是如此可疑。而且家中的5000元钱也全被自己带在了身上,船夫真是后悔至极。

两位乘客看到船夫的表情更加难看,心里更是害怕。可是他们互相鼓励不要害怕,要镇定。其中一个矮个子想到自己为儿子买了一支玩具手枪,于是拿出来壮胆,另一位高个子则故意大声暗示自己有十几个弟兄在岸边接应,如果到时候看不到他们上岸就会找船夫算账。

船夫听到他们恶狠狠的话吓了一大跳。可是他也绝不能轻易放弃反抗,如果钱被这两个人抢去的话,那自己就更对不起妻子了。他这样想着,不料因用力过猛将手中的船橹"咔"的一声就折成了两截。他一手拿着一半船橹怒视着两位乘客,船夫的这一举动吓坏了两位乘客,可是他们也不愿意就此将自己辛辛苦苦赚来的血汗钱拱手相让。于是他们决定做最后一搏。高个子乘客相对来说比较有力气,于是他站起来做了几个功夫招式,然后用力一掌劈向船舷。船开始剧烈地摇晃,此时船夫想到了一个不得已的办法——跳船,也许只有这个办法可以逃生。两位乘客虽然游泳的技术不好,可是此时也顾不得那么多了,在船夫跳船的那一刻他们也纵身跳到了江里。

双方都感到纳闷,怎么不见对方抢钱,反而跳进了江里呢?矮个子乘客的水性不好,刚游了几下就大呼救命。高个子一边在水里扑腾一边求船夫饶过他们,并说他们愿意将身上的钱全部交出来。船夫还没弄清是怎么回事,可是想到救人要紧,于是把两位乘客一一救回船上。上船以后经过一番解释，三人才知道这是一场误会。大家不由得感慨："误会的根源就是彼此怀疑，一次误会差点儿使三人都不明不白地丧命。"

【生活小语】

相互怀疑常常会使人际交往陷入一种恶性循环，许多原本很好的人际关系因此而破裂。人际交往永远都是相互的，你给予对方真诚，对方也会与你坦诚相见；你向别人持怀疑态度，那别人对你同样失去信任。

人与人之间，需要的就是真诚。家人之间，不需要彼此埋怨，相互理解就好；人与人之间，不需要相互猜疑，相信对方就好。只有真诚，才能相处；只有真心，才能相知。有时候，拥有一份真诚的心，往往比拥有黄金更珍贵。

161 邻居的蜡烛

有一位女主人乔迁新居，屋子刚收拾完，突然停电了，室内一片漆黑。女主人刚摸到蜡烛和火柴，门外便传来了"笃笃笃"的敲门声。

打开门一看，原来是一个小男孩，他仰着小脸，背着手说："阿姨，您家有蜡烛吗？"

"怎么？我刚搬来第一天就来借东西。今天借给他家蜡烛，说不定明天又来借米借面。不，不行！"女主人心里这样想着，便说："哎呀，真不巧，阿姨刚搬来，没准备蜡烛。"说完，她就准备关门。

"阿姨,您看,我妈妈让我送来的。"小男孩从背后抽出手,高高举着两根粗大的蜡烛。

面对孩子清莹的眼睛,女主人一下惊呆了,继而无力地倚着门,不敢与孩子对视——因为她误解了孩子的好意。

【生活小语】

善良是人的本性,坚守善心方显真心。我们应该相信这个世界上还是好人多,人不要总是用审视的眼神误解别人的善意,也不要轻易误解了他人的善良。做人要与人为善,多一分善良就多一分真情;多一些爱心就少一些冷漠。

162 **提醒自我**

有个老太太坐在马路边,望着不远处的一堵高墙,总觉得它马上就要倒塌了。她看见有人向这堵高墙走过去,就善意地提醒道:"那堵墙快要倒了,离它远点儿走。"被提醒的人不解地看着她,大模大样地顺着墙根走过去了——那堵墙没有倒。

老太太很生气:"怎么不听我的话呢?"又有人走来,老太太又予以劝告。三天过去了,许多人在墙边走过去,并没有遇上危险。第四天,老太太感到有些奇怪,又有些失望,不由自主便走到墙根下仔细观看。然而就在此时,墙轰然倒下,老太太被掩埋在灰尘砖石中,气绝身亡。

【生活小语】

故事中的老太太时时提醒路人注意安全,怕别人受到伤害,此种"对人严"的善举难能可贵,值得点赞。但唯独她不用同样的态度"提醒自己",结果以"侥幸麻痹"的心态付出了惨重的代价,此种"对己宽"的行为实不可取。

在现实生活中,我们提醒别人时往往很容易,很清醒,但能时刻做到清醒地提醒自己,却很难。可见,许多危险实质上是来源于自身,老太太的悲剧值得我们深层次思考。

163　四合院里的树

在一个四合院里矗立着一棵大树,院里住着一个心思细腻的人,他抬头望向那棵树,眉头紧锁,因为在他看来,树在院中,恰好构成了一个"困"字不大吉利。有人劝他把树砍了,问题就解决了,他感觉更不好了。因为砍了树,院里就只剩下人了,那不就成了一个"囚"字吗? 更不吉利。他因此愁得不知道到底该怎么办才好。

有一天,一位智者路过此处,听闻了他的烦恼,不禁大笑:"院中所处狭小,什么不困? 院外天地之大,何困之有?"

【生活小语】

人生在世,不过沧海一粟。与天地相比,世间一切皆是一粒尘埃。如果我们仅仅盯着自己的眼前不放,困囿于一处,便不能够看得到更宽广的天地。只有当我们把心敞开,不为琐事忧,不为是非困,才不会与世间的烦恼纠缠不清。

这则故事告诉人们,要心怀大格局,方能过好小日子。何为格局? 便是你如何看待世界与自己。有格局者,成大事也。但其实大多数人都过着平凡的日子,都在为小事而忙碌着。但这并不意味着我们无法拥有大格局。故心怀大格局，就是为了过好自己的小日子。

164 齐白石交朋友

齐白石初到北京，没有任何名气，画风也不被认可。一日，他去参加画展，很多名人来来往往，却没有一人留意到他的画作。

直到画展快要结束时，才有一人驻足在他的画前。只听那人道："你们看这几幅画，虾会游，鸟会飞，真乃神作。"齐白石则慌忙致谢，才发现这人正是著名京剧大师梅兰芳。

因为梅兰芳的欣赏，齐白石的作品受到了周围更多人的观赏，大肆称赞齐白石的画。可是真到了卖画时，仍旧无人问津，只有梅兰芳倾囊相助。

尽管如此，梅兰芳的认可对于齐白石而言，无疑是一剂强心针，让他更加坚定了自己的艺术道路。他深知，真正的艺术价值，并非一蹴而就，而是需要时间的沉淀与市场的检验。从此，齐白石更加专注于画艺的提升，最终，他的画作以其独特的韵味和深厚的内涵，赢得了世人的广泛赞誉。

【生活小语】

老话说："一贵一贱，交情乃见。"有贫富之分，方可看出交情的深浅；有贵贱之别，才会发现谁是真心待自己好的人。

这则故事告诉人们，烈火识真金，患难见人心。谁是真心，谁是假意，当你身处低谷时，就能看得清楚了。有些人，嘴上喊着兄弟朋友，遇事第一个和你划清界限。这样的人，不适合成为朋友，困难时也不要向他们求助。

165 智者的人际关系

一少年请教智者："如何才能变成一个既能让自己快乐，也能给周围人带来快乐的人呢？"

智者回答："首先，你要把自己当成别人，此是无我；其次，你要把别人当成自己，此是友善；再次，你要把别人当成别人，此是智慧；最后，你要把自己当成自己，此是自在。"

【生活小语】

故事中智者的人际关系，是要把自己当成别人，把别人当成自己，把别人当成别人，把自己当成自己。细细想来，确实如此。把自己当成别人，就是需要我们站在公平、公正的角度来审视自身；把别人当成自己，就是要求我们学会换位思考，要站在别人的立场上思考问题；把别人当成别人，强调的是一种尊重；把自己当成自己，强调的是一种"自我"，一种自信。

因此，学会正确处理人际关系，不仅需要我们具备换位思考和尊重他人的能力，更需要我们拥有自我认同和自信的力量。只有这样，我们才能在人际交往中找到真正的平衡和幸福。

166 家俭则兴

庄晓甜几年前出了场车祸，导致她的腿脚留下了后遗症，行动起来不那么灵活。因此，全家的生计重担自然而然地落到了丈夫的肩上，家中还有老母亲和小女儿，日子一度过得十分拮据。

但庄晓甜很节俭,也很能干,她在自家的小院儿里开垦了一块地,种了各种蔬菜,既省钱又健康。家里没有钱购置新家具,她就把家里收拾得干净又整洁,还把自己练成了修家电的小能手。

虽然节俭,但是庄晓甜在教育上却从来不心疼钱,经常带着女儿一起逛书店。她们家虽然清贫,但在庄晓甜的用心经营下,日子过得充实而又有意义。丈夫经常对街坊邻居说,自己很幸运,娶了个能持家的好妻子。庄晓甜用自己的行动,诠释了什么是真正的坚强与智慧,成了家人心中最温暖的光。

【生活小语】

曾国藩留给后人的十六字格言:家俭则兴,人勤则健;能勤能俭,永不贫贱。意为勤劳是治家之本,家庭的幸福生活需要依靠勤劳的双手去创造。勤俭的家风,能使家庭兴旺,家人健康。

贫无可奈惟求俭,拙亦何妨只要勤。意思是说:如果贫困无法摆脱,只好力行节俭,以期来日;资质愚鲁没什么大不了,只要勤恳,终会有所成就。可见如果一个家庭懒惰、骄奢,即使坐拥金山银山,也会有坐吃山空的一天;但如果一个家庭保持勤劳节俭的家风,即使物质条件不是很好,也会有属于自己的欢乐时光,终会迎来兴旺发达的明天。

167 不盲目合群

小张是一个性格内向、喜欢独处的人。大学毕业后,他找到了一个既轻松又待遇丰厚的工作,身边人都夸他"命好"。

有几个同事喜欢在下班后聚会,小张不想去,有人就说他搞特殊、假清高。有时小张硬着头皮去了,他也感觉没有共同话题。身边的朋友喜欢打游戏,也邀请他一起玩,他为了"合群",跟着玩了一阵子,觉得很无聊。

小张的工作还算清闲,一下子多了很多业余时间。小张没有将这些时间浪费在无效的社交上,总想着再学点儿什么或者再做点儿什么,于是开始钻研以前没时间研究的爱好兴趣。除了上班,就窝在家里看工具书、找资料、做笔记。小张还把自己的学习心得和见解分享到网上,吸引了很多同频的朋友一起交流,不仅丰富了生活,还赚到了一笔可观的收入。

【生活小语】

人一到群体中,为了获得认同,只能抛弃独立思考去换取那份让人倍感安全的归属感。

这则故事告诉人们,低质量的合群不如高质量的独处。盲目合群,是为了迎合别人的喜好而忽略了自己的内心感受,并不能真正让你摆脱孤独,获得归属。只有在独立且有深度的思考过程中,才能沉淀出自己内心真正想要的东西。

168 丢失了两元钱的车

罗森在一家夜总会里吹萨克斯,收入不高,然而,他却总是乐呵呵的,对什么事都表现出乐观的态度。他常说:"太阳落了,还会升起来,太阳升起来,也会落下去,这就是生活。"

罗森很爱车，但是凭他的收入想买车是不可能的。与朋友们在一起的时候，他总是说："我要是有一辆车该多好啊！"眼中充满了无限向往。有人逗他说："你去买彩票吧，中了奖就有车了！"于是他买了两块钱的体育彩票，果真中了个大奖。

罗森终于如愿以偿，他用奖金买了一辆车，整天开着车兜风，夜总会也去得少了，人们经常看见他吹着口哨在林荫道上行驶，车也总是擦得一尘不染的。

然而有一天，罗森把车泊在楼下，半小时后下楼时，发现车被盗了。朋友们得知消息，想到他爱车如命，几万块钱买的车眨眼工夫就没了，都担心他受不了这个打击，便相约来安慰他："罗森，车丢了，你千万不要太悲伤啊！"罗森大笑起来，说道："嘿，我为什么要悲伤啊？"

朋友们疑惑地望着他。罗森接着说："如果你们谁不小心丢了两块钱，会悲伤吗？"有人说："当然不会！""是啊，我丢的就是两块钱啊！"罗森笑道。

【生活小语】

在生活中，我们每个人都会遇到各种各样的麻烦，都会因这样或那样的麻烦而产生不良情绪。如果我们不能及时将这些负面情绪处理好，很有可能影响到我们的正常工作和学习，甚至影响到我们的身心健康。

所以，一个人要学会与情绪和谐共处。"生气，就是拿别人的错误来惩罚自己。"要学会控制情绪，让自己变得冷静。生活中，如果你有一颗换位思考之心，就能得到快乐。这则故事告诉人们，我们要丢掉生活中的负面情绪，努力培养自己具有战胜挫折和烦恼的胸怀。

169 居里夫人的奖章

朋友到居里夫人家做客,发现居里夫人的小女儿正在玩的"玩具",竟然是英国皇家学会刚颁发给居里夫人的金质奖章。于是朋友诧异地问:"夫人,得到一枚英国皇家学会的奖章,是极高的荣誉,你怎么能把奖章给小孩子玩呢?"

居里夫人笑了笑说:"我是想让孩子从小就知道,曾经的荣誉就像玩具,绝不能看得太重。"

随后,居里夫人告诉朋友,对于已经取得的成绩,就像孩子对待新玩具一样,初时充满好奇与喜悦,但随着时间的推移,新鲜感逐渐褪去,玩具也就不再是生活的重心。对待荣誉,我们也应有同样的态度,珍惜但不沉迷,让它成为激励我们前行的动力,而非束缚我们心灵的枷锁。

【生活小语】

著名科学家居里夫人世界闻名,但她既不求名也不求利。她的淡泊名利情怀是一种豁达心态,是做人的崇高境界。其实,名和利都是过眼烟云,是身外之物,一生为名利所累,实为本末倒置。只有淡泊名利,方能成大器,方能攀上人生的高峰。

170 热爱自己的工作

在一个部落里,有一位老人,他正悠闲地坐在一棵大树下面,一边乘凉,一边编织着草帽。他把编好的草帽一字排开,供游客们挑选。他编织的草帽造型非常别致,而且颜色的搭配也非常巧妙,可以称得上是巧夺天工了,游客们纷纷驻足夸赞。

这时候一位精明的商人看到了老人编织的草帽,他心里萌生了一个念头。他想:这样精美的草帽如果运到美国去,一定能卖个好价钱,至少能够获得数倍的利润。

想到这里,他不由激动地对老人说:"朋友,你的草帽多少钱一顶呀?""十块钱一顶。"老人冲他微笑了一下,继续编织着草帽,他那种闲适的神态,真的让人感觉他不是在工作,而是在享受生活。

于是商人对老人说:"假如我在你这里定做一万顶草帽的话,你每顶草帽给我优惠多少钱呀?"他本来以为老人一定会高兴万分,可没想到老人却皱着眉头说:"这样的话,那就要二十元一顶了。"

"为什么?"商人冲着老人大叫。老人讲出了他的道理:"在这棵大树下没有负担地编织草帽,对我来说是一种享受。可如果要我编一万顶一模一样的草帽,我就不得不夜以继日地工作,不仅疲惫劳累,还成了精神负担。难道你不该付我双倍的钱吗?"

【生活小语】

正如老人所言,当工作不能成为一种享受而成为一种循环往复的单调劳动时,确实令人感到乏味。然而现实生活中,我们绝大多数人还是不得不为了特定的利益而劳累工作。只有真正热爱自己工作的人,才能真正成为工作中最幸福的人。

这个故事告诉我们,在追求事业和金钱的同时,我们也应该学会平衡生活,珍惜与家人、朋友共度的时光,以及那些能够让我们内心感到平静和快乐的活动。不要为了外在的成就而牺牲内心的平和与自由,因为这才是真正构成幸福生活的基石。

171 善待别人就是善待自己

洛克菲勒年轻的时候曾经一无所有,到处流浪,得过且过。不过,洛克菲勒怀有十分远大的理想,他期望自己有一天能够有一笔任由自己支配的巨大财富。

带着这个伟大的梦想,洛克菲勒来到了距离家乡很远的一个偏僻小镇。在这个小镇上,洛克菲勒结识了镇长杰克逊先生。杰克逊先生已经年过五旬,他一直以来都生活在这个虽不繁华但是却令自己倍感亲切的小镇上。他担任这个小镇的镇长已经很多年了,镇上的人们从来没有想过要选举新的镇长。

的确,杰克逊实际上也是担任镇长的最佳人选。他性格开朗,为人热情,而且平易近人。更重要的是,他的心地十分善良。无论是当地人还是外来人,只要与杰克逊有过一定的接触,他们都会深切地感受到他的热情和善良,并会受到感染。

洛克菲勒住的小旅馆就离镇长杰克逊家不远。每当洛克菲勒站到旅馆旁的大门前向远方遥望时,他都会看到镇长家门口的那片长满各色鲜花的花圃。每次遇到洛克菲勒时,镇长都会停下忙碌的脚步问这个独在异乡的年轻人有什么需要帮忙的地方。当洛克菲勒需要一些生活用品时,热情的镇长夫人总会十分高兴地给予帮助,而且镇长还会时不时地让女儿为洛克菲勒送去一些妻子做的可口点心。

在小镇上住了一段时间仍然感到一无所获的洛克菲勒,决定过几天就离开这个小镇,在离开小镇之前他要特别感谢镇长给予他的关照。就在他准备向镇长告别的前几天,小镇遇到了连续几天的阴雨天气,洛克菲勒不得不继续留在这里。

　　小雨时断时续,每当雨滴停止的时候,洛克菲勒都会走出旅馆大门——实际上洛克菲勒就住在杰克逊家的斜对面,看看镇长家门前那些经雨露滋润而倍加娇艳的花朵。这一天,当他走出旅馆大门的时候,他看到镇上来来往往的人们已经把镇长家门前的花圃践踏得不成样子了。洛克菲勒为此感到气愤不已,他真为镇长和这些花朵感到惋惜,于是他站在那里指责那些路人的行为。可是第二天,路人依旧踩踏镇长家门前的那片可怜的花圃。第三天,镇长拿着一袋煤渣和一把铁锹来到了泥泞的道路上,他用铁锹把袋子里的煤渣一点一点地铺到了路上。一开始洛克菲勒对镇长的行为感到不解,他不知道镇长为什么要替这些践踏自己家花圃的路人铺平道路。可是很快他就明白了镇长的苦心,原来有了铺好煤渣的道路,那些路人再也不用踩着花圃走过泥泞的道路了。

　　洛克菲勒最后还是离开了这个小镇,不过他知道,自己再也不是一无所获地离开了,他带着镇长杰克逊告诉自己的一句话从从容容地踏上了追求梦想的道路。那句话就是“善待别人就是善待自己”。在日后的岁月里,这句话成了他为人处世的座右铭,指引着他一步步走向成功。

　　多年后,洛克菲勒凭借着自己的智慧、勇气与努力,终于成为闻名于全美的石油大王,但他依然牢牢地将这句话铭记在心上。

【生活小语】

　　善待别人就是善待自己。那些心胸狭隘、自私自利的人不愿意对别人付出任何关爱,所以他们永远都体会不到来自他人的友情和温暖。而那些胸襟开阔的人则始终生活在幸福和关爱之中,这些幸福和关爱既来自别人,也来自自己。

　　生活就好比山谷的回声一样,你付出了什么,便会得到什么;

你埋下了什么样的种子,便会收获怎样的果实。善待他人,其实就是在善待自己。当你对他人付出善心的时候,你就埋下了一颗善良的种子,因此你也会得到善的回报;当你对他人置之不理的时候,你就埋下了一颗冷漠的种子,当你需要别人帮助的时候,别人也会对你不屑一顾。

172 记住更多人的名字

　　吉姆·弗雷德从小家境贫困。在他刚满10岁的时候,父亲就不幸离开了人世,留下他和体弱的母亲相依为命。

　　然而,无论生活多么贫困,环境多么艰难,弗雷德和他母亲都从来没有放弃对生活的希望。尤其是弗雷德,凡是认识他的人几乎都会被他积极乐观的精神所感染。初次与弗雷德接触时,大多数人还是对他的成功经历感到惊讶:弗雷德小时候由于家境过于贫困而无钱接受正规的教育,所以他的学历很低——事实上,他刚刚念完小学就被迫干起了临时工。可是在他46岁那年成了国家邮政部长,并在年近50岁的时候被美国的四所名牌大学授予荣誉学位。

　　既没有显赫的家境,又没有高深的学历,弗雷德究竟是靠什么取得成功的?几乎所有人都会带着这个疑问去向弗雷德本人讨教。带着这个倍受众人关注的疑问,一位年轻的记者叩开了弗雷德先生办公室的大门。弗雷德本人十分健谈,年轻的记者和他交谈时感到从未有过的兴奋和愉快。

　　很快,年轻的记者就迫不及待地向弗雷德提出了自己一直以来都想了解的问题。年轻的记者掩饰不住内心的激动,拿着采访笔记对弗雷德先生说："吉姆·弗雷德先生，我受很多年轻人的委托前来向您请教一件事情，不知道您是否愿意告诉我们真正的答案？"听到记者的话，弗雷德发出了爽朗的笑声，他亲切地对记者说："我会尽我所知回答你提出的每一个问题，不过，在你提问之前，我可能已经对你的问题猜到了八九分。"记者先是感到纳闷，不过，他很快反应过来，对弗雷德说："那您说一说我想问的问题是什么？"

弗雷德说："你想问我的问题，很可能就是我能够取得今天的成就，其中是不是有什么秘诀。"听到弗雷德本人如此坦诚地说出了自己心中疑惑很久的问题，年轻的记者突然感到轻松了许多。他知道不用自己再问，弗雷德自己就会说出问题的答案。果然被记者猜中了，弗雷德接着就说："辛勤地工作，这就是我成功的秘诀。"记者对这个答案感到非常不满意，他几乎想也没想就说："不，这不是我要的答案。我听说您至少能随口说出一万个曾经认识的人的名字，这才是您获得成功的秘诀。"年轻的记者以为弗雷德会赞成自己的观点，并且为自己了解这么多的信息而感到惊讶，没想到弗雷德却说："不，我至少能准确无误地说出五万个人的名字。并且，若干年后再遇见他们时，我依然会叫出他们的名字，我还会问候他们的妻子、儿女，以及聊起与他们工作和政治立场等相关的各种事情。"

这下轮到记者感到惊讶了，他不由得问："为什么您能记住这么多人的名字？您有特殊的记忆能力吗？"弗雷德接着回答道："没有，我只是在认识每一个人的时候，都会把他们的全名记在本子上，并且想办法了解对方的家庭、工作、喜好以及政治立场等，然后把这些东西全部深深地刻在脑海当中。下一次见面时，不论时隔多久，我都会把刻在脑海中的这些信息迅速回忆出来。"

【生活小语】

这则故事告诉我们:真诚与努力是通往成功的关键。尽管弗雷德出身贫寒,学历有限,但凭借他自己的辛勤工作和不懈努力,在人生的道路上取得了辉煌的成就。更重要的是,他对待人际关系的真诚态度,使他能够记住并关心众多人的名字和生活细节,这种能力不仅赢得了他人的尊重和信任,也为他的成功奠定了坚实的基础。

一个人,无论起点如何,只要我们愿意付出努力,用心去学习和成长,就能够克服各种困难,实现自己的梦想。同时,真诚地对待他人,关注他们的需求和感受,也是建立良好人际关系、赢得他人支持的关键。

173 什么是真正的朋友

一位犹太父亲自知自己将不久于人世,于是他把唯一的儿子叫到病榻前,叮嘱道:"除了我一生积攒下来的财富,我还留给你我一生中的挚友。他住在一个遥远的地方,这是他的地址。如果你遇到解决不了的困难,那就去找他。"说完父亲把手中一个写着陌生地址的纸条交到了儿子手里,随后就安然离世了。

失去了父亲的儿子感到万分的悲痛,在悲痛之余他又为父亲临终时留下来的话感到不解:"父亲明明知道我有许多形影不离的好朋友,为什么还要我在遇到困难时去找他那位已经多年不曾联系的朋友呢?"虽然他对父亲的话感到疑惑,但是一向听从父亲教诲的他还是将那张纸条小心翼翼地保存了起来。

在父亲离世后的几年里,儿子依然像以前一样,不断宴请自己结交的朋友。当朋友遇到困难时,他总是慷慨解囊,却忘记了小时候父亲对于自己如何理财的教诲。由于过度花费又没有其他进账,所以父亲留下来的钱财很快就被他花光了。当他身无分文向那些曾受过帮助的朋友求助时,没想到这些朋友们一个个都变得冷漠至极。

一次,高利贷者上门讨债,恶语相向,他一时气愤便把对方打了个头破血流。他知道对方一定不会善罢甘休,也许过不了多久自己就会被抓进监狱。想到这些,年轻人开始害怕起来,他决定先到朋友那里躲一躲,然后让他们帮助自己解决这场危机。于是他连夜到各个朋友家中敲门求助,却没有一个朋友愿意为他惹上官司,甚至大多数朋友连门都不愿意为他开。

在心灰意冷之际,他想到了父亲临终时的遗言。于是他简单地打点行装,开始寻找父亲的那位多年不见的朋友去了。

虽然一路上历经艰辛,但他还是来到了父亲的老友门前。看到父亲的老友并不富裕的生活,他不由得又对父亲的话多了几分不解。当他疑虑重重地向对方说明自己的身份并且表明自己目前的处境时,老人很快将他迎到了家中,叫妻子赶快为年轻人准备可口的饭菜。随后,老人匆匆走了出去。过了一个小时后,他才满头大汗地回来,并从外面抱回来一个年代很久的坛子。令年轻人感到吃惊的是,坛子里面居然有十几块闪闪发光的金币。更令他感到出乎意料的是,这位老人居然要将这些金币全部送给他。老人一边将金币送到年轻人手中,一边对他说:"这是我年轻的时候和你父亲一起做生意时分得的利润,你全部拿去,用它们还清债务,剩下的钱你就去创造更大的财富吧。年轻人,想想你父亲当年的创业艰辛,以后一定要知道怎样积累钱财。"

年轻人带着十几块金币离开了,他同时带走的还有对真正友谊的深刻领悟。他知道,真正的朋友是在你最需要帮助时伸出援手的人,而不是那些在你风光时锦上添花、在你落难时却袖手旁观的人。

【生活小语】

这则故事说明,真正的朋友往往不是那些锦上添花之辈,而是雪中送炭之人。危难之际见真情,真正的朋友必定能够经得起时间和环境的考验。如果只能同享乐而不能共患难,那就不是真正的朋友。

真正的朋友,他不是家人,却如同家人;他不是贵人,却堪比贵人。有这样的朋友在身边,你的一生都会很幸福。漫漫人生路,我们需要这样的真朋友。

174 为别人打开一扇窗

几年前,爱德华·赛克斯在美国新泽西州为一家药品公司做推销代理。他负责把该公司的产品推销到新泽西州的各个药店,然后从药店的销售额中获取提成。为了提高工作业绩,爱德华不得不频繁地在新泽西州的各个药店来回奔波。与其他药品公司的推销员不同,爱德华不会费尽口舌地说服那些药店的老板盲目地购买过多的药品。这是因为大多数药品都是有一定有效期的,而且每类药品适用的人群的病症也各不相同。因此,即使药店的主人多购买此类药品会增加销售提成,但为了店主的利益,爱德华也不会这样做。也正是因为长期以来爱德华都这样做,所以他拥有了许多忠诚的老客户。有时即使爱德华时间太紧没来得及拜访他们,他们也会主动联系他,找他购买药品。

每次爱德华到药店的时候,无论药店大小,也不管药店每次购买药品的交易额多少,他都会非常热情地向店主介绍各种药品的药理和药性等,而且每次见到店主之前他总是先跟柜台的职员寒暄一番,同时还要向那些前来购买药品的顾客报以真诚的微笑。

在一次拜访一家新开的药店时,爱德华遇到了一位性格十分固执的客户。无论爱德华怎样推荐本公司的药品,这家药店的主人总是一口回绝。最后爱德华忍不住问,究竟是什么原因使得他如此坚决地拒绝这种药品。令他没想到的是,店主竟然这样回答:"我不是拒绝这种药品,而是拒绝你们公司的所有产品,因为贵公司的许多活动都是针对食品市场和廉价商店而设的,这对我们这样的小药店将产生很大的伤害。"听到店主这样解释,爱德华只好决定放弃。不过在他临走的时候还是习惯性地与店员和店里的顾客打了声招呼。

接下来,爱德华又到邻近的其他药店去开展推销。就在他拜访完一位客户准备离开时,他接到了那位坚决拒绝他们公司产品的店主电话。原来他又打算订一批货,而且数量还较多。当爱德华问店主这是怎么一回事时,店主说是一位店员改变了他的主意。

原来那位店员在来这家药店就职以前,常常在一家大药店购买药品。因为他的母亲常年生病,他对生活感到绝望。但是在一次购买药品的时候他遇到了正在大厅里等待店主的爱德华。当时正值药品涨价,他手中准备的钱已经不够给母亲买药了。爱德华看到了处于窘境的他,不仅替他垫付了药钱,而且还给了他一个充满阳光的微笑。"要知道,正是这个充满阳光的微笑,使我心中的愁苦一扫而光,我从那时起决定自学药理知识,然后努力挣钱为母亲治病。现在我已经迈出了成功的第一步",药店中的店员说起这话时脸上还洋溢着幸福的笑容。然后店员告诉店主:"这位药品推销员一定给很多药店的店员以及顾客都留下了深刻的印象,他所在公司的产品必定也会因为他的表现而引起人们的注意,所以和他做生意一定是最佳选择。"

店主听从了这位店员的建议,而爱德华也因此多了一位忠诚的客户。同时他也在一如既往地坚持与那些店员和顾客打招呼,并且奉上自己善意的关心和微笑。

【生活小语】

　　为别人打开一扇窗，自己就能看见更广阔的天空。人与人交往贵在相互宽容、相互体谅，要想得到来自他人的真诚友谊，首先你应该为别人付出更真诚的关爱。

　　人与人的关系，永远都是相互的。正如法国思想家卢梭所说："当我们爱别人的时候，我们也希望别人爱我们。"所以不管朋友之间还是亲人之间，人与人相处，贵在换位思考。而能做到换位思考的人，必然有一颗善良的心，会待人以诚、待人以宽。俄国作家屠格涅夫曾说："不会宽容别人的人，是不配受到别人宽容的。"所以宽容别人，也是在宽容自己。以真诚为经，以宽容为纬，相信善良的你，已经开拓出了人际交往的崭新天地。

175 香烟的诱惑

　　保罗·盖蒂曾经是一个有着几十年烟龄的老烟民，但是在一次出差回来之后，妻子和家人再没有发现他抽过一支烟。实际上，从那次出差之后，保罗·盖蒂的双手就再也没触碰过香烟。

　　每当有人在保罗·盖蒂面前说根本戒不了烟的时候，保罗·盖蒂都会说："你就这样情愿被一支香烟打败吗？"

　　保罗·盖蒂清楚地记得，当年那次出差时，自己戒烟的决心就是被这个问题引起的。

　　那时，保罗·盖蒂是一个不折不扣的大烟鬼，几乎每天都至少吸两包烟，尽管妻子曾经多次劝过他戒烟，但他总是置若罔闻。然而，在一个风雨交加的夜晚，一切悄然发生了变化。半夜时分，他忽然被一声惊雷从睡梦中惊醒，此时他想抽一支烟，于是去拿床头边的烟盒，可是发现里面却空空如也。他下床到衣服的口袋里找，仍然一无所获。他又打开随身携带的手提箱，结果还是一支烟也没有找到。

在这个时候,旅馆里的服务人员都休息了,要想买到烟,他只有走出旅馆,去寻找可能还开着的商店。这样想着,保罗·盖蒂就换上了衣服,然后他又从手提箱中找出雨衣。雨衣很快穿好了,他伸手去开门,就在伸出手的那一刻,他的手突然停在了那里,"我究竟要干什么?我难道要冒着大雨深更半夜在大街上去寻找一个卖香烟的商店吗?难道仅仅一支香烟就可以这样随意地控制我吗?"然后他又问自己:"你就这样情愿被一支香烟打败吗?""不,我绝不会被打败!"他这样回答自己。

于是,保罗·盖蒂收回了开门的手,然后脱下雨衣和出门穿的衣服,换上睡衣,把床头的那只空烟盒扔到了垃圾筒,然后回到床上舒舒服服地进入了梦乡。在睡梦中他有一种摆脱控制的轻松感。清早起来,保罗·盖蒂知道,自己已经战胜了香烟的诱惑,他打败了这种坏习惯。

从此,保罗·盖蒂成了一个真正的戒烟者,他的故事也激励着无数人勇敢地面对自己的弱点,努力追求更健康、更自由的生活方式。

【生活小语】

很多时候,我们并非被坏习惯所主导,而是自己心甘情愿地陷入了它们的控制之中。这些坏习惯,无一不是我们自己亲手养成的。一旦我们意识到它们的存在及其带来的负面影响,就应当勇敢地站出来,寻找战胜它们的方法。只要有坚定的决心,任何看似强大的坏习惯都将在我们的努力下土崩瓦解。

坏习惯就像是一种潜藏的病毒,悄无声息地侵蚀着我们的身心。一旦感染,我们就需要积极寻找"解药",即找到克服这些坏习惯的有效方法。战胜坏习惯其实并不复杂,关键在于我们是否愿意付出努力,是否敢于采取行动。

自制力是每一个成功人士必不可少的素质之一。当我们面临诱惑时,要用理智的头脑来辨别孰是孰非,再做出正确的选择。培养自己的自制力,一要加强思想修养。人的自制力在一定程度上取决于自己的思想素质。二要提高文化素养。一般来说,一个人的文化素养同其承受能力和自控能力成正比。三要增强自我意识。学会自主决断,培养自信心和独立性。四要强化意志力量。要培养自己性格中意志独立性的良好品质,对自己的奋斗目标要有高度的自觉性。五要调整好自己的需求结构。当自己的需求不能同时兼顾时,就要抑制一些不可能实现的需求。

176 把话让给别人说

1964年,日本经济陷入低俗,当时松下电器也受到大环境影响,经营面临困境。在此危急关头,企业家松下幸之助决定对公司的销售体制进行调整。然而,当他最初通过电话向各大代理店和销售商传达这一决定时,却遭受了广泛的质疑和反对。在电话交流中,松下幸之助当即就跟质疑者吵起来,双方谁也说服不了谁,最后都怒气冲冲地挂掉了电话。放下电话后,松下幸之助发现,争论并不能解决实际问题。

后来,他经过反思,想到了一个办法。他将代理商们邀请过来,召开了一场会议,说:"请大家畅所欲言,不要顾忌,若松下电器有需要改进之处,我会立刻改正。"于是,会上大家纷纷发言,各自表达自己的想法。

在大家发表意见时,松下幸之助则一言不发,静静地坐在一旁倾听。等所有人说完后,他才根据大家的意见,详细地解释了推行新销售模式的目的和必要性。这一次,再也没有听到反驳的声音,大家一致同意了他的改革方案。

【生活小语】

生活中，我们常常喜欢打断别人的话，说自己想说的话。结果自己滔滔不绝，让别人无话可说，最终导致沟通出现问题。其实人与人打交道，最重要的不是你说了什么，而是听别人说了什么。

一个人想要得到他人的支持和理解，最重要的是让别人说出自己的意见和想法。学会把话让给别人说，是一种聆听的修养。将自己摆在倾听者的位置，你才能拉近与别人之间的距离，并赢得认可与支持。

177 人生不需要太多行李

大卫是纽约一家报社的资深记者，因工作需要，他经常穿梭于世界各地，追逐新闻热点。这天，他又一次踏上了前往外地的旅程，像往常一样，他精心准备了三件行李：一个大皮箱里装着几件换洗的衬衣、几条领带和一套考究的晚礼服；另一个小皮箱则装满了采访必备的照相机、笔记本和工具书；还有一个小巧的手提包，里面装着剃须刀、钱包等随身物品。然后与妻子匆匆告别，直奔机场。

然而，当他赶到机场时，却被告知原定的航班因故延误，不得不换乘下一班飞机。在机场等了两个多小时，他终于登上了飞机。随着飞机缓缓升起，他开始规划到达后的行程，为即将到来的采访做足准备。

但就在这时，飞机突然剧烈地震动起来，紧接着是连续的颠簸。大卫心中一紧，意识到飞机可能遇到了麻烦。虽然空姐安慰大家只是遇到了气流，但大卫凭借职业的敏锐，感觉事情并不简单。果然，飞机继续颠簸，而且越来越剧烈。空姐紧急通知，飞机出现故障，正在尝试安全返回，并要求乘客扔掉行李以减轻重量。

大卫迅速行动起来,先是将大皮箱交给了乘务员,随后又把手提包扔了出去。在犹豫片刻后,他也忍痛将小皮箱扔出了窗外。此时,飞机的下落速度明显减缓,但仍在下降。机舱内一片混乱,婴儿在哭叫,女人在哭泣。大卫深吸一口气,尽量保持冷静。他想起了妻子,早晨的匆匆一吻仿佛成了永别。他迅速摸遍全身口袋,掏出皮夹、钢笔和笔记本,撕下一页纸,匆匆写下简短的遗书:"亲爱的,如果我走了,请别太悲伤。我买了意外保险,保单放在书架第一层新书里,你一定能找到的。原谅我,不能继续爱你。保重,爱你的大卫。"

写完遗书后,他把纸条叠好放进贴身口袋,然后把笔和笔记本也扔了出去。他尽力驱散内心的恐惧,开始安抚周围的乘客,帮助他们穿上救生衣,告诉他们要保持冷静,相信机长能够带领大家安全降落。

终于,机长宣布准备迫降。在刺耳的尖叫声和巨大的轰鸣声中,大卫闭上了眼睛,心中默默与妻子、亲友告别。然而,当他再次睁开眼睛时,却发现自己还活着。周围一片狼藉,但他立即投入救助伤员的队伍中。当妻子哭着向他奔来时,他们紧紧拥抱在一起,仿佛经历了生死离别般珍惜彼此。

这次空难中,只有三分之一的乘客生还,而大卫竟然毫发无损。这真是一个不可思议的奇迹,也让他更加珍惜生命和身边的人。尽管他失去了三件行李和一次采访机会,但他的事迹却登上了纽约各大报纸的头版头条,成了人们口中的英雄。

【生活小语】

其实许多时候,人生并不需要太多的行李,只要一样就够了,那就是爱心。爱心是心灵的桥梁,爱心是灵魂的滋养,爱心是照耀他人的光芒,爱心是人生道路上最美丽的风景,爱心是世界上最宝贵的财富。如果每个人都能献出一份爱心,世界将变成美好的人间。

　　一个人要拥有爱心,首先要做一个好人。同时爱心不能只停留在心里,还要付诸行动。因为爱心就像肥沃的土地一样,如果你不去种植农作物,它也会长出荒芜的杂草。